DK

Tom Brown

# Alles im Gewächshaus

**Nutz- und Zierpflanzen das ganze Jahr**

# Inhalt

**Beim Pflegen der Pflanzen** im Gewächshaus kann man die Welt und den Alltag vergessen.

# Einführung

**Ein Gewächshaus – egal welcher Größe, Form oder Art – hat einen großen Einfluss auf die Pflanzen, die wir anbauen können. Man kann mit ihm die Wachstumsperiode verlängern und Bedingungen für besondere Pflanzen schaffen, aber auch eine andere Art des Gärtnerns erfahren. Wer unter Glas aus kleinen Samen große Gewächse heranzieht, wird selbst aufblühen und wachsen.**

Ich habe das große Glück, zuhause mehrere Gewächshäuser zu besitzen. Außerdem bin ich als Head Gardener von West Dean Gardens in West Sussex, England, für 13 große viktorianische Gewächshäuser verantwortlich und für eine Sammlung aus tropischen Gewächsen, Farnen, Orchideen, Kakteen, Aprikosen, Pfirsichen, Nektarinen, Feigenbäumen sowie Kiwis, Auberginen, Gurken, Tomaten, Paprika und Chilis.

Ganz besonders das Gärtnern in meinen eigenen Gewächshäusern sorgt bei mir für Glück und Wohlbefinden. Die Freude, die uns das Ziehen von Pflanzen bereitet, ist riesig. Ausgesätes durch alle Entwicklungsstadien hindurch zu kultivieren, bis man Essbares oder Blüten ernten kann, ist äußerst befriedigend, und selbst gezogenes Obst und Gemüse schmeckt besonders gut, wenn man weiß, wie liebevoll man die Pflanzen gepflegt hat.

Es gibt viel zu lernen. Das Gärtnern im Gewächshaus ist eine intensive Art des Anbaus. Pflanzen brauchen Wasser, Nährstoffe sowie spezielle Klimaverhältnisse und leiden hier schneller als im Garten. Fürs Gärtnern im Gewächshaus ist es daher wichtig, ein gutes Gespür für die Bedürfnisse der Pflanzen zu entwickeln und dann die Bedingungen maßvoll anzupassen. Denn es soll nicht unerwähnt bleiben, dass ein gutes Umfeld für Pflanzen auch für Sie eine gute Umgebung ist. Ihr Gewächshaus ist ganz allein Ihr eigenes und zwar ausschließlich. Machen Sie es zu Ihrem Wohlfühlort: einem Ort, an dem Sie Radio oder Podcasts hören, während Sie die Pflanzen pflegen. Oder an dem Sie einfach zwischen Blättern, Blüten und Früchten eine entspannte Zeit verbringen. Diese kleinen Freuden sind eine gute Möglichkeit, dem täglichen Stress zu entfliehen. Spürbar wird das, wenn Sie feststellen, wie die Zeit verfliegt, wenn Sie in Ihrem Gewächshaus nach Ihren eigenen Vorstellungen und in Ihrem eigenen Tempo arbeiten. Mir ist es oft passiert, dass ich Stunden mit meinen Pflanzen verbracht habe, ohne zu merken, wie die Zeit vergangen ist. Und ich möchte es auf keinen Fall anders haben.

BIGGER

**Jedes Fleckchen** vom Boden bis zum Dach kann zum Ziehen von Pflanzen genutzt werden.

## Für alle Jahreszeiten

Ich hoffe, dass dieses Buch Hobby-Gärtnerinnen und -Gärtner dafür begeistert, das Beste aus ihrem Gewächshaus zu machen, und das nicht nur im Sommer. Es sollte im Winter nicht als Abstell- oder Lagerfläche missbraucht werden, denn auch zu dieser Zeit bietet es ein großes Potenzial für den Anbau oder das Überwintern von Pflanzen. Wir sollten in Gewächshäusern nicht nur zu jeder Jahreszeit Nahrungsmittel und Blumen kultivieren und bestimmten Pflanzen darin Schutz bieten, sondern jedes Eckchen des Gewächshauses gut nutzen. Zum Beispiel kann man mit Pflanzkörben mit Kräutern und Erdbeeren den Raum unter dem Giebel nutzen und so in kleinen Häusern die Anbaufläche vergrößern.

Es gibt unzählige Nutz- und Zierpflanzen, die im Gewächshaus angebaut werden können. Aber wie so oft beim Gärtnern empfiehlt es sich klein anzufangen, Erfahrungen zu sammeln und Selbstvertrauen zu gewinnen. Wenn Sie dann ein Gespür entwickelt haben, können Sie Ihr Repertoire erweitern. Das Letzte, was ich erreichen möchte, ist, dass Sie im ersten Jahr zu viel wollen und dann den Mut verlieren. Es wird immer Erfolge und Misserfolge geben, aber mit der Zeit lernen Sie, Ihre Pflanzen zu verstehen. Dann können Sie die Welt der anspruchsvolleren Nutz- und Zierpflanzen betreten.

## Ihr Gewächshausbegleiter

Dieses Buch nimmt Sie mit auf eine Reise durch die Welt des Anbaus unter Glas. Wir beschäftigen uns mit der Auswahl und dem Bau von Gewächshäusern, sowohl von neuen als auch von gebrauchten. Wenn das Haus fertig ist, finden Sie hier viele Anleitungen zu den wichtigsten Anbautechniken. In den Pflanzenprofilen, im Aussaatkalender und im Überblick erfahren Sie, was in welcher Jahreszeit zu tun ist, und Sie finden zahlreiche Ideen, welche Pflanzen Sie ziehen können.

Gewächshäuser gibt es in allen Formen und Größen, von riesigen Gebäuden bis zu Frühbeeten und Pflanzglocken, sodass für jede Gartengröße etwas Passendes zu finden ist. Für dieses Buch habe ich Pflanzen in einem großen und einem kleinen Gewächshaus, in einem Anlehngewächshaus und einem freistehenden Frühbeet angebaut. Jede dieser Umgebungen bietet die Möglichkeit, eine aufregende Bandbreite an Pflanzen zu ziehen, die Ihnen Freude bereiten wird.

Ich wünsche Ihnen viel Erfolg und Freude beim Gärtnern in Ihrem Gewächshaus und hoffe, dass Sie dabei genauso viel Spaß haben wie ich. Denn vergessen Sie nicht: Das Wichtigste ist, dass Sie Ihr Gewächshaus nicht nur als Ort sehen, der Ihren Pflanzen, sondern auch Ihnen gut tut.

# Auswählen und bauen

# Warum unter Glas gärtnern?

**Wenn Sie noch nicht sicher sind, ob der Anbau von Pflanzen in einem Gewächshaus oder Frühbeet das Richtige für Sie ist, würde ich aus tiefster Überzeugung sagen, dass das Gärtnern unter Glas viel Spaß und Befriedigung bringt und sehr lehrreich ist.**

Pflanzen, die man selbst aus Samen und Stecklingen gezogen hat, beim Wachsen zu beobachten, ist eine Freude – genau wie die Möglichkeit, die Blüte- und Erntezeit zu verlängern.

## Schutz bieten

Der Ausdruck »geschützter Anbau« oder »Anbau unter Glas« beschreibt die Pflege von Pflanzen im Gewächshaus oder im Frühbeet, aber auch unter einer Pflanzglocke oder auf der Fensterbank. Dabei werden die Umweltfaktoren reguliert, die Pflanzen brauchen – wie Temperatur, Luftfeuchtigkeit, Nahrung, Licht und Wasser. Es entsteht ein günstigeres Mikroklima, als es im Freien herrscht, und die Pflanzen wachsen gut.

**Ein Gewächshaus** erweitert die Bandbreite an verschiedenen Pflanzen, die man ziehen kann.

In einer geschützten Umgebung kann außerdem die Wachstumsphase verlängert werden. Im Vorfrühling und im Spätherbst ist die Umgebungstemperatur im Gewächshaus höher und die Pflanzen wachsen kräftig, während sie dies im Freien wenig oder gar nicht tun würden. Salate beispielsweise können im geschützten Anbau wesentlich früher geerntet werden. Tomaten reifen auch im Frühherbst noch, wenn sie geschützt im Mikroklima eines Gewächshauses stehen. Ein geeignetes Mikroklima kann auch in Miniaturgewächshäusern und Frühbeeten geschaffen werden. Zum geschützten Anbau zählen folgende drei Konstruktionen: Gewächshäuser, Frühbeete und Pflanzglocken.

### Gewächshäuser

Sie bestehen aus einem Dach und Wänden aus transparenten Materialien wie Glas oder Kunststoff. Gewächshäuser können freistehend sein oder sich an Gebäude anlehnen (S. 18), groß oder klein sein. Alle bieten eine wärmere Umgebung für die Pflanzen, oft auch zusätzliches Licht und Wärme.

### Frühbeete

Frühbeete sind meist flache Bauten mit transparenten Dächern oder Deckeln, die an Scharnieren befestigt sind und geöffnet und geschlossen werden können (S. 24). Frühbeete bieten den

**Eine platzsparende Möglichkeit** für kleine Gärten oder Terrassen sind Anlehngewächshäuser.

Pflanzen Schutz vor Kälte und schlechtem Wetter und werden meist genutzt, um Pflanzen an die Bedingungen im Freien zu gewöhnen.

### Pflanzglocken und -tunnel

Pflanzglocken sind kleine, bewegliche Objekte aus Glas oder stabilem Kunststoff. Wie Pflanztunnel dienen sie zum Schutz von mehreren oder einzelnen, meist jungen Pflanzen vor Nässe und Kälte, aber auch vor Schädlingen (S. 30).

## Teil einer Entwicklung

Alle diese Konstruktionen können genutzt werden, um Pflanzen auf das Leben im Freien vorzubereiten. In der Wärme des Gewächshauses zieht man Sämlinge und Jungpflanzen heran, die dann im Frühbeet abgehärtet werden, indem man sie nach und nach an die härteren Bedingungen im Freien gewöhnt. Stehen die Pflanzen im Beet, kann man sie mit Pflanzglocken vor kalten Nächten schützen.

**Frühbeete** (ganz oben) können ein- oder zweiflügelige Deckel haben.

**Pflanzglocken** (oben) sind sehr praktisch, um Neupflanzungen vor unerwartetem Frost zu schützen.

# Die Gewächshaus-geschichte in Kürze

**Die ersten Zeugnisse, dass Menschen unter geschützten Bedingungen Pflanzen angebaut haben, stammten aus spätrömischer Zeit. Auch wenn die Methoden nun andere sind, ist es ermutigend, dass wir seit Tausenden von Jahren unseren Instinkten vertrauen, um Bedingungen für gutes Pflanzenwachstum zu schaffen. Daraus entstand eine unentbehrliche Erfindung: das Gewächshaus.**

Das Gärtnern in Gewächshäusern begann im 17. Jahrhundert, als Adelige geradezu davon besessen waren, Orangen anzubauen. Der aus China stammende Orangenbaum wurde Ende des 13. Jahrhunderts nach Europa eingeführt und wurde dort ein Symbol für Wohlstand und Status. Die Leidenschaft für den Anbau von Orangen verbreitete sich nach Norden und erreichte auch das Vereinigte Königreich. Um die kälteempfindlichen Pflanzen vor dem harschen Winter zu schützen, errichtete man spezielle Häuschen. Hier starben die Zitruspflanzen zwar nicht an der winterlichen Kälte, sondern am Lichtmangel in den fensterlosen Gebäuden und am Rauch der Öfen, die zum Beheizen der Räume genutzt wurden.

**Die Orangerie** von Kensington Palace in London ließ Königin Anne 1704 als Schutz für ihre preisgekrönten Zitrusgewächse bauen.

## Die ersten Orangerien

Die schlechten Erfahrungen mit diesen Häusern und die viele Arbeit, die ihr Auf- und Abbauen jedes Jahr machte, brachte in der ersten Hälfte des 18. Jahrhunderts Architekten dazu, große, dekorative Orangerien mit Glasdächern zu errichten. Die eleganten Gebäude waren meist sehr aufwendig gebaut und wurden für gesellschaftliche Anlässe genutzt, bei denen die Zitruspflanzen eher eine Nebenrolle spielten. Aber im Winter konnten die Gärtner dort die Zitrusfrüchte überwintern, um sie im Sommer zurück in den Garten zu bringen. Schließlich kamen die Zitruspflanzen aus der Mode. Seltenere, exotischere Pflanzen wie die aufsehenerregende *Monstera deliciosa*, mit ihrem üppigen grünen Laub, das von fernen, tropischen Welten erzählt, übernahmen ihren Platz.

Die Idee des Gewächshauses entwickelte sich im 17. Jahrhundert in Europa und dort vorwiegend

**Das Palmenhaus** in den Royal Botanic Gardens in Kew wurde von 1844 bis 1848, in bis dahin beispielloser Größe, gebaut.

in den Niederlanden und dem Vereinigten Königreich. Doch schon bald verbreitete sie sich über den Atlantik. 1737 baute Andrew Faneuil, ein wohl habender Geschäftsmann aus Boston, das erste Gewächshaus in Amerika.

## Das prachtvolle Glashaus

Als klar wurde, dass die tropischen Pflanzen mehr Licht brauchten, baute man mehr Glas in die Dächer der Orangerien ein und sie entwickelten sich zu Gewächs- und Anzuchthäusern. Durch die besseren Möglichkeiten Glas herzustellen begann der Wandel der von Architekten geplanten Orangerien zu mithilfe von Ingenieuren entworfenen Gewächshäusern.

Als Eisen günstiger hergestellt werden konnte und die Glasproduktion immer hochwertigeres Glas hervorbrachte, entstand 1823 das erste Gewächshaus aus Eisen und Glas in Wollaton Hall bei Nottingham. Ähnliche große Bauten folgten, darunter das 1840 fertiggestellte große Gewächshaus von Chatsworth House in Derbyshire, bei dem Eisensäulen eine Holzkonstruktion stützen, sowie das riesige Palmenhaus in den Royal Botanic Gardens in Kew. Der Bau dieser Eisenkonstruktion begann 1844. Mit Aufhebung der Glassteuer, der Neuerung in der Glasproduktion und dem vom bekannten Gartengestalter Joseph Paxton für die Weltausstellung 1851 entworfenen Crystal Palace war der Bau von Glashäusern nun an der Tagesordnung.

Mit dem viktorianischen Zeitalter begannen die goldenen Jahre des Gärtnerns im Gewächshaus. Da die Adligen sich gegenseitig ausstechen wollten, wurde immer größer und prachtvoller gebaut. Im gewerblichen Anbau wurden Gewächshäuser jedoch erst im 20. Jahrhundert üblich und das vor allem in den Niederlanden, wo sie für den Anbau von Wein, Früchten und Gemüse genutzt wurden.

## Das Gewächshaus für den Hausgarten

Die Mode der Adeligen, exotische Früchte und Blumen anzubauen, erreichte langsam alle sozialen Klassen. Die Gewächshäuser wurden kleiner, sodass sie besser in die üblichen Hausgärten passten. Heute nutzen wir Gewächshäuser vor allem, um Nahrungsmittel anzubauen, und als dekoratives Gartenelement. Gewissermaßen ist der aktuelle Trend, unsere Lebensmittel zum Teil selbst herzustellen und Wert darauf zu legen, woher sie stammen, ein Wiederaufleben der Entwicklung aus dem viktorianischen Großbritannien, aber in einem bescheideneren Maßstab und mit Aspekten des Umweltschutzes als Antrieb. Die innige Beziehung, die wir mit den Pflanzen in unserem Gewächshaus eingehen, lohnt sich. Wir verbinden uns so sehr eng mit der Natur. Egal ob unser geliebtes Gewächshaus groß oder klein ist, der Prozess, mit dem wir Nutzpflanzen kultivieren oder unser Wohlbefinden in dieser geliebten Umgebung fördern, bleibt der gleiche.

# Gewächshäuser für jeden Zweck

**Bei der Auswahl des Gewächshauses für den eigenen Garten sind die wichtigsten Überlegungen, wie das Gelände beschaffen ist, welches Budget zur Verfügung steht, welchen Stil der Garten hat und welche Bedürfnisse Sie haben. Es gibt gute Lösungen für jeden Geschmack.**

**Freistehende Metallkonstruktionen** sind günstig und können selbst aufgebaut werden.

Die meisten Gewächshäuser haben eine einfache Form: Sie sind freistehende Gebäude mit vier Wänden und einem spitzen Dach. Sie können jedoch auch an andere Gebäude angebaut sein. Es gibt unterschiedliche Materialien. Meistens wird Aluminium oder Holz verwendet (beide Materialien haben Vor- und Nachteile, s. Tabelle rechts) und es gibt erhebliche Unterschiede in Größe und Preis. Für die Verglasung kommen Glas, Polycarbonat, Acryl oder Fiberglas zum Einsatz. Gewächshäuser können aus Bausätzen in Eigenleistung oder von einer Spezialfirma aufgebaut werden. Oft werden sie gebraucht angeboten. Unter diesen vielen Möglichkeiten sollte für jeden das Passende zu finden sein.

## Das Material wählen

Bei der Frage, ob der Gewächshausrahmen aus Holz oder aus Aluminium sein sollte, sind Zweckmäßigkeit und Aussehen wichtige Kriterien. Holz ist schön, hat aber den Nachteil, dass es teuer ist und regelmäßig gepflegt werden muss. Ein Gerüst aus Aluminium braucht kaum Pflege und ist stabil genug, um Polycarbonat- oder Glasplatten zu tragen. Beide Materialien können in verschiedenen Farben gestrichen werden. Letztendlich wird das Budget den Ausschlag geben. In die Überlegungen sollte aber auch einfließen, welche Funktion das Gewächshaus erfüllen und ob es ein Teil der Gartengestaltung sein soll. Die Tabelle unten nennt einige Vor- und Nachteile der Materialien.

## Holz oder Metall?

| | Holz | Metall |
|---|---|---|
| Vorteile | Ansprechendes und natürliches Aussehen, das zu Gärten passt | Widerstandsfähig gegen Rost |
| | Stabiler Rahmen, der auch starkem Wind standhält | Günstigere Modelle erhältlich |
| | Isoliert gut, sodass die Temperatur gleichmäßiger ist | Mehr Gewächshaus fürs Geld |
| | Edle Maßanfertigungen möglich | Wenig Gewicht und leicht aufzubauen |
| | Vielseitige Gestaltungsmöglichkeiten | Große Auswahl an Formen und Stilen |
| | | Bei guter Pflege hält der Rahmen lange, Ab- und Aufbau bei Umzug oder Verkauf möglich |
| Nachteile | Teurer | Schlechtere Isolierung, größere Temperaturschwankungen |
| | Dicke Balken sind ohne professionelle Hilfe schwer zusammenzubauen | Leichter und nicht so stabil bei Wind |
| | Höherer Pflegeaufwand durch Streichen und anderen Holzschutz | Eher funktionales als attraktives Aussehen |
| | Selbst bei guter Pflege wird Holz mit der Zeit morsch. | Bei älteren Modellen ist es unter Umständen schwer, Ersatzteile zu finden |
| | Schädlinge können zum Problem werden, gründliches Reinigen notwendig | Braucht meist ein stabiles Fundament |

Ich habe mich für ein Gewächshaus aus beschichtetem Aluminium entschieden. So bekam ich viel Fläche für mein Geld und durch die Farbe fügt es sich schöner in den Garten ein als blankes Aluminium. Ich bin mir sicher, dass Sie Ihr Gewächshaus genauso lieben werden, wie ich meines, sobald die Wahl getroffen ist. Und dass Sie beim Gärtnern darin unendlich Spaß haben werden.

## Freistehende Gewächshäuser

Freistehende Gewächshäuser gibt es in verschiedenen Stilen und Größen und für fast jeden Geschmack. Besonders beliebt macht sie zudem, dass es sie in unterschiedlichen Materialien gibt. Da sie keine Mauer oder Ähnliches als Stütze brauchen, sind freistehende Gewächshäuser hinsichtlich Platzierung im Garten sehr flexibel – vorausgesetzt, man beachtet einige goldene Regeln (S. 36). Auch werden sie oft gebraucht angeboten, was sie für fast jedes Budget erschwinglich macht (s. nächste Seite).

## Anlehngewächshäuser

Große Anbau- oder Anlehngewächshäuser sind geeignet, wo es eine Mauer gibt, die als vierte Wand dienen kann. Die Mauer kann eine Hauswand sein oder zu einem Nebengebäude oder einer Garage gehören und sollte möglichst auf der Südseite des Gebäudes liegen. Durch die Bauweise können im Haus Spalierobst (S. 182) und Kletterpflanzen gezogen werden. Die Mauer dient dann zum Befestigen der Spaliere und Rankhilfen. Gleichzeitig speichert sie Wärme besser als freistehende Gewächshäuser.

Große Gewächshäuser, die mit dem Haus verbunden sind, sind auch bei schlechtem Wetter gut erreichbar. Auch ist es viel leichter, sie an Wasser, Licht und die Heizung anzuschließen als freistehende Gewächshäuser. Sie werden meist auf Maß passend zum bestehenden Gebäude gebaut. Deshalb sind sie teurer und man kann selten auf Secondhand-Häuser zurückgreifen. Bei großen Anlehngewächshäusern können Bauvorschriften ein Problem darstellen, außerdem rückt die Unordnung mehr ins Blickfeld, die durch Wasseranschlüsse und das Lagern von Erde und Gartenabfällen entsteht.

**Anlehngewächshäuser** werden durch die in der Stützmauer gespeicherte Wärme beheizt.

## Kaufoptionen

Meist werden Gewächshäuser als Bausätze gekauft, die es zu unterschiedlichen Preisen gibt. Man kann diese Bausätze selbst aufbauen oder mehr Geld ausgeben und eine Firma mit dem Aufbau beauftragen. Beide Möglichkeiten haben Vorteile (S. 40). Ein maßgeschneidertes, von einem Fachbetrieb gebautes Haus ist zwar die teuerste und luxuriöseste Möglichkeit, dafür wird das Ergebnis mit Sicherheit schön. Wer weniger ausgeben möchte oder wem Nachhaltigkeit ein Anliegen ist, kann sich für den Kauf eines gebrauchten Gewächshauses entscheiden.

### Gebrauchte Gewächshäuser

Die Online-Gartencommunity ist riesig. Einer der vielen Vorteile ist, dass sie die Möglichkeit bietet, gebrauchte Gewächshäuser zu kaufen und zu verkaufen. Wie viele Hobbys kann auch das Gärtnern im Gewächshaus süchtig machen und die Häuser sind in kurzer Zeit zu klein. Oft werden die kleinen Gewächshäuser dann online oder in regionalen Anzeigenblättern angeboten und Gewächshausanfänger können zu einem guten Preis gebrauchte Häuser kaufen und erste Erfahrungen sammeln.

Wer ein gebrauchtes Gewächshaus kaufen möchte, sollte sicherstellen, dass der Rahmen in einem guten Zustand ist, also nicht gebrochen ist oder rostet. Ein Rahmen in schlechtem Zustand hält nicht lange und das Ersetzen der beschädigten Teile kostet Geld. Die Glasscheiben kann man sich leicht bei einem Glashändler vor Ort besorgen, aber je mehr Scheiben des gebrauchten Gewächshauses heil sind, desto besser. Meistens baut man das Haus selbst beim Vorbesitzer ab. Das hat den Vorteil, dass man später weiß, wie es wieder aufgebaut werden muss (S. 42).

Gebrauchte Gewächshäuser kosten wesentlich weniger als neue, manchmal nur die Hälfte. Der Preis hängt unter anderem davon ab, ob der Käufer das Haus selbst abbaut. Um das optimale Gewächshaus mit dem besten Preis-Leistungs-Verhältnis zu finden, lohnt es sich, mehrere Angebote zu vergleichen.

**Holzrahmen** sind stilvoll und stabil.

# Gewächshaus-anatomie

**Letztendlich ist ein Gewächshaus ein Gebäude mit Dach und Wänden aus lichtdurchlässigem Material. Um besser gärtnern zu können, kann es jedoch um viele zusätzliche Elemente erweitert werden.**

Die Kunst des Gärtnerns im Gewächshaus besteht darin, Rücksicht auf die Bedürfnisse der Pflanzen zu nehmen: Ist es zu warm oder zu kalt? Ist die Luft zu trocken oder zu feucht?

Am besten wachsen Pflanzen, wenn Wasser, Wärme und Licht in optimaler Menge verfügbar sind. Um das zu erreichen, können verschiedene Elemente in die Anatomie des Gewächshauses integriert werden. Mit Systemen zum Belüften, Schattieren, Sammeln von Wasser, Aufteilen des Raums und Beheizen kann das Umfeld beeinflusst werden.

**Schattiergewebe oder -farbe** schützt vor intensivem Sonnenlicht, verhindert Sonnenbrand auf den Blättern und zu hohe Temperaturen.

**Regale und Hängeborde** bieten in angenehmer Höhe Platz für Aussaaten, Stecklinge und kleine Pflanzen. Achten Sie beim Anbringen auf die ergonomisch richtige Höhe.

**Mit Haken für Hängekörbe** lässt sich der Dachraum für Erdbeeren, Tomaten, Kräuter und Fuchsien nutzen.

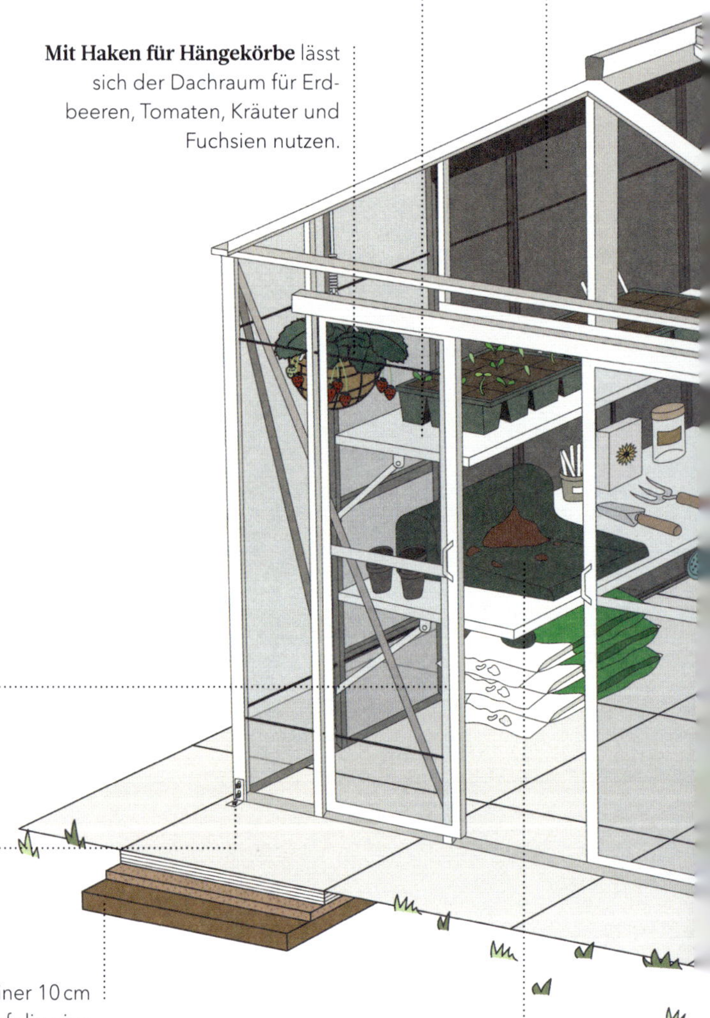

**Türen** können je nach Größe des Gewächshauses ein- oder zweiflügelig sein. Sie sorgen im Sommer für gute Belüftung, können im Winter aber kalte Luft hineinlassen, die die Pflanzen schädigen kann.

**Bodenanker** befestigen den Rahmen auf dem Fundament oder im Boden.

**Plattenfundamente** verlegt man auf einer 10 cm dicken Schotterschicht, auf die eine 5 cm dicke Schicht einer Zement-Sand-Mischung (1 Teil Zement auf 6 Teile Bausand) verteilt wird. In die Zement-Sand-Mischung werden die Platten verlegt. So entsteht eine ebene Fläche.

**Topftische** dienen als Arbeitsplatz im Haus. Dort wird ausgesät, vermehrt und getopft.

**Dachfenster** sorgen für eine gute Durchlüftung, warme Luft kann ins Freie entweichen. Die Temperatur im Haus sinkt und ist auch an heißen Tagen für die Pflanzen erträglich. Dachfenster können manuell oder automatisch zu öffnen sein.

**Trennwände** bieten die Möglichkeit, das Gewächshaus in verschiedene Temperaturzonen zu unterteilen. So können mehr Pflanzen mit unterschiedlichen Ansprüchen angebaut und überwintert werden.

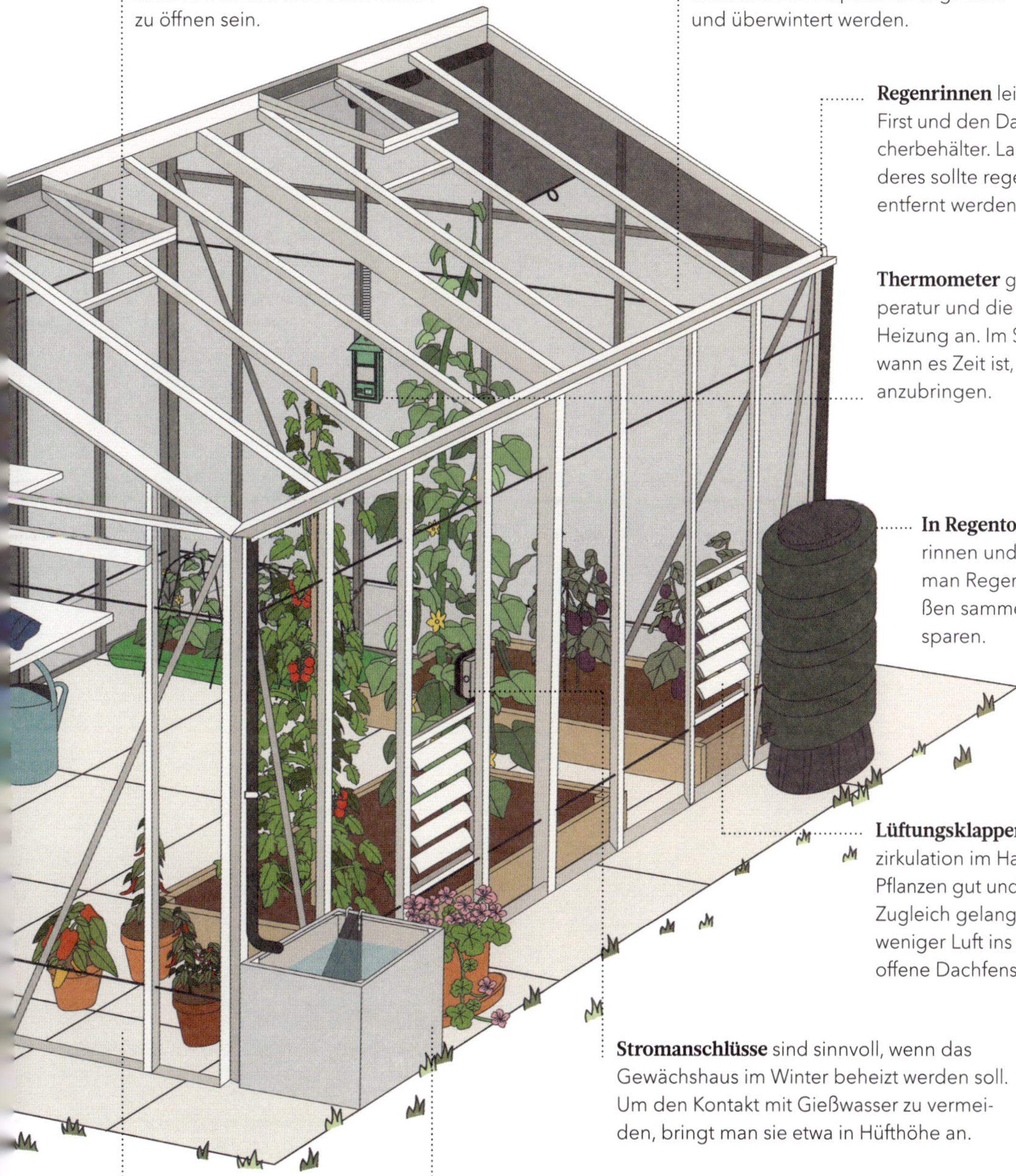

**Regenrinnen** leiten Wasser vom First und den Dachflächen in Speicherbehälter. Laub, Moos und anderes sollte regelmäßig aus ihnen entfernt werden.

**Thermometer** geben die Temperatur und die Wirksamkeit der Heizung an. Im Sommer zeigen sie, wann es Zeit ist, die Schattierung anzubringen.

**In Regentonnen** an Dachrinnen und Fallrohren kann man Regenwasser zum Gießen sammeln und Trinkwasser sparen.

**Lüftungsklappen** sorgen für Luftzirkulation im Haus, sodass die Pflanzen gut und gesund wachsen. Zugleich gelangt an kalten Tagen weniger Luft ins Haus als durch offene Dachfenster oder Türen.

**Stromanschlüsse** sind sinnvoll, wenn das Gewächshaus im Winter beheizt werden soll. Um den Kontakt mit Gießwasser zu vermeiden, bringt man sie etwa in Hüfthöhe an.

**Bodenplatten** helfen, das Gewächshaus vielseitig zu nutzen. Aber auch Boden- oder Hochbeete und Wege sind praktisch.

**Wasserbecken** an Fallrohren speichern den Regen und bieten Tieren Zugang zum Wasser. Allerdings sollten Sie mit Ausstiegshilfen wie einem Ast oder einer Rampe etc. unbedingt dafür sorgen, dass ins Wasser gefallene Tiere das Becken sicher wieder verlassen können.

# Klein-Gewächshäuser

**Man könnte meinen, dass Gewächshäuser nur in großen Gärten Platz finden, denn meist haben wir freistehende Häuser im Kopf. Auf wenig Fläche sind Klein-Gewächshäuser eine praktische Lösung. Zwar muss man bei der Pflanzenwahl kritischer sein, Freude und Erfahrungen sind jedoch nicht geschmälert. Nicht die Größe des Gewächshauses ist entscheidend, sondern wie es genutzt wird!**

Auch kleinere Gewächshäuser bieten im Winter Schutz und es können dort unempfindliche Salate, Kräuter und Schnittblumen angebaut werden. Im Sommer sorgen sie für beste Bedingungen für wärmeliebende Kulturen wie Tomaten und Chili. Wer neu mit dem Gärtnern im Gewächshaus anfängt, findet mit kleinen Modellen eine gute und günstige Möglichkeit erste Erfahrungen zu sammeln.

## Kleine Anlehngewächshäuser

Auf kleinen Flächen, wie man sie oft in Stadtgärten findet oder auf Grundstücken, die man sich mit fußballbegeisterten Kindern teilt, sind schmale, an eine Wand gebaute Gewächshäuser praktisch. Sie nutzen die senkrechten Flächen, brauchen aber nur wenig Grundfläche. Die Rahmen können mit Glas oder Kunststoff verkleidet sein. Je hochpreisiger sie sind, desto sicherer, robuster und haltbarer sind sie.

Anlehngewächshäuser sollten sonnig vor einer Südwand aufgestellt werden, außer es sollen darin Aurikeln oder Farne gezogen werden, die es dunkler und kühler mögen. Entscheidend ist eine gute Zugänglichkeit und ein Platz, an dem man regelmäßig vorbeikommt. So hat man die Belüftung und den Wasserbedarf gut im Blick.

Anlehngewächshäuser sind vielseitig und lassen sich zum Anbau verschiedener Pflanzen rund ums Jahr ausstatten. Regale sind im Frühjahr bei der Aussaat und Vermehrung sowie beim Überwintern von Pflanzen praktisch. Im Sommer brauchen die Pflanzen jedoch viel Wasser und das Gießen von kleinen Töpfen macht viel Arbeit und ist nicht einfach. Es empfiehlt sich deshalb, die Ablagen zu entfernen und einen großen Pflanzkübel oder Pflanzsack auf den Boden zu stellen. Diese bieten ausreichend Platz, um Sommergemüse wie Tomaten, Chili, Paprika, Auberginen und Gurken anzubauen.

**Sonnenliebende Sukkulenten** wie *Aeonium* in einem nach Süden ausgerichteten Anlehngewächshaus sind auch in den kühleren Monaten ein schöner Anblick.

## DIY-Miniaturgewächshäuser

Neues Glas ist teuer. Günstiger und nachhaltiger ist es, ein Miniaturgewächshaus aus gebrauchten Materialien, zum Beispiel alten Fenstern, zu bauen. Das macht Spaß und das Haus kann an die eigenen Bedürfnisse und den Garten angepasst werden.

Eine andere Möglichkeit zur Anzucht sowie für den Anbau von Sommergemüse wie Paprika und Chili sind große Pflanzglocken. Zwergsorten sind dafür besonders geeignet. Üppiger wachsende Sorten sind meist erst dann zu groß für das Miniaturgewächshaus, wenn keine Kälteschäden mehr zu erwarten sind.

Pflanzglocken sind meist höher als Frühbeete und sehen wie »normale« Gewächshäuser aus. Eine gute Belüftung ist entscheidend und die gute Erreichbarkeit unverzichtbar. Damit die Pflanzen gut wachsen können, sollten Pflanzglocken so lichtdurchlässig wie möglich sein.

**Klein-Gewächshäuser** bieten viele Möglichkeiten zu gärtnern. Dazu gehören (im Uhrzeigersinn von oben) Pflanzglocken für Sommergemüse, Anlehngewächshäuser für hohe Pflanzen oder mit Regalen für die Anzucht.

# Frühbeete

**Frühbeete sind eine praktische Ergänzung zu Gewächshäusern, denn sie bieten zusätzlichen Platz für das Aussäen und Abhärten von Pflanzen. Man kann Frühbeete leicht selber bauen und mit ihnen die Vegetationszeit verlängern, da sie Schutz vor Nässe und Kälte bieten.**

Klassischerweise sind Frühbeete beim Gärtnern unter Glas die Brücke zwischen dem Gewächshaus und dem Freiland. In ihnen können Pflanzen abgehärtet und auf die unwirtlicheren Bedingungen im Freien angepasst werden, die durch niedrige Temperaturen, direkte Sonne oder Wind entstehen.

**Frühbeete** dienen als Übergang vom geschützten Gewächshaus in den ungeschützten Garten.

## Typen von Frühbeeten

Am günstigsten ist es, ein Frühbeet aus gebrauchten Materialien selbst zu bauen. Eine Anleitung dafür zeige ich auf den Seiten 26–29.

Vorgefertigte Frühbeete sind je nach Material unterschiedlich teuer. Einfache Konstruktionen aus Weichhölzern und Kunststoff sind wesentlich günstiger als solche aus Aluminium oder Harthölzern und einer Abdeckung aus Glas.

Ursprünglich waren Frühbeete gemauerte Kästen an der Südseite von Gewächshäusern, die das Ziehen von Pflanzen einfacher machten. Es gibt solche Kästen auch heute noch zu kaufen, aber da eventuell ein Fachbetrieb zum Aufbauen engagiert werden muss, ist dies einer der teureren Frühbeettypen. Wer die Möglichkeit hat, einen solchen Kasten mit gemauertem Rahmen selbst zu bauen, oder das Geld hat, ihn bauen zu lassen, profitiert davon, dass die Steine tagsüber Wärme speichern und nachts abgeben. So sind die Pflanzen im Winter und Vorfrühling vor scharfen Frösten geschützt.

## Formen von Frühbeeten

Frühbeete können ein- oder zweiflügelig sein, also entweder eine feste Rückwand und einen schräg abfallenden, lichtdurchlässigen Deckel haben oder hausförmig mit zwei schräg abfallenden Deckeln sein. Letztere lassen mehr Sonnenlicht hinein. Soll das Frühbeet vor einer Wand oder dem Sockel eines Gewächshauses stehen, ist die einflügelige Variante praktischer. Freistehende Frühbeete sind von allen Seiten erreichbar, sodass ein doppelflügeliges Modell hier sinnvoller ist.

Alle Formen von Frühbeeten müssen gut belüftet werden. So wird vermieden, dass sich Krankheiten und Fäulnis ausbreiten. Je höher die Temperaturen sind, desto wichtiger ist eine Belüftung, die dafür sorgt, dass die Pflanzen schneller und gesünder wachsen. Der Deckel sollte sich unterschiedlich weit öffnen lassen. Dafür kann man ihn mit Holzstücken

**»Frühbeete sind als Brücke zwischen dem Gewächshaus und dem Freiland gedacht und dienen zum Abhärten der Pflanzen.«**

**Die Belüftung** ist der Schlüssel für die Pflanzengesundheit. Der verstellbare Deckel ist daher für ein Frühbeet unerlässlich.

in unterschiedlicher Länge aufstellen oder ausgefeiltere Fensterheber einbauen.

## Wann Pflanzen ins Frühbeet sollen

Aussaaten und pikierte Pflanzen (S. 94) sind meist noch zu empfindlich für das Frühbeet. Die niedrigen Temperaturen und der kalte Wind im Vorfrühling fügen jungen Pflanzen oft Schäden zu. Meine Faustregel: Ich setze meine pikierten Pflanzen erst dann den rauen Bedingungen im Freiland aus, wenn sie die Anzuchtplatten oder -töpfe durchwurzelt haben. Frühbeete sind zum Akklimatisieren von Pflanzen gedacht, bevor diese ins Freie gesetzt werden.

Im Sommer ist es im Frühbeet meist kühler als im Gewächshaus. Deshalb sind sie der ideale Ort, um dort Aussaaten zur Keimung aufzustellen. Die hohen Temperaturen im Gewächshaus würden ihnen eher schaden.

## Abhärten

Beim Abhärten werden Jungpflanzen, die im Gewächshaus gezogen wurden, über ein bis zwei Wochen an die niedrigeren Temperaturen, die stärkeren Luftbewegungen und die niedrigere Luftfeuchtigkeit im Freien gewöhnt. Danach sind sie kräftig genug, um im Freiland zu wachsen. Ein Frühbeet ist zum Abhärten ideal.

# Ein Frühbeet bauen

**Ein Frühbeet mit einem Holzrahmen ist leicht zu bauen und man kann dafür gebrauchte Materialien verwenden. So kann man Geld sparen und gleichzeitig nachhaltig handeln. Für einen einfachen Frühbeetkasten braucht man nur wenige Stunden.**

Für dieses Projekt habe ich Holzpaletten und ein altes Fenster wiederverwendet. Holzpaletten bekommt man oft über lokale Anzeigenblätter oder Online-Anzeigen. Ich fand die einheitliche Größe der Bretter beim Bau des Frühbeetes sehr praktisch. Alternativ kann man auch zugeschnittene Bretter beim Holzhändler kaufen, aber das ist natürlich teurer.

Soll ein altes Fenster als Deckel für das Frühbeet genutzt werden, bestimmt dieses die Größe des Kastens. Polykarbonatplatten oder Glasscheiben sind ebenfalls als Materialien für den Deckel möglich. In diesem Fall kann der Kasten an die eigenen Bedürfnisse oder den vorhandenen Platz angepasst werden. Wichtig: Die Rückwand des Kastens muss höher als die Vorderwand gebaut werden. So kann das Wasser abfließen und es gelangt die maximale Menge Licht ins Innere. Damit der Kasten möglichst lange hält, sollte das Holz behandelt werden. Es kann sinnvoll sein, den Anstrich jedes Jahr auszubessern. Holzschutzöle, -lacke und -beizen verlängern die Lebenszeit des Frühbeetes. Die Wahl der Farbe hängt von der persönlichen Vorliebe ab. Wird eine große Frühbeetfläche gewünscht, ist man mit mehreren Modulen flexibler. Eine andere Möglichkeit ist ein Frühbeet mit einem geteilten Deckel, der zum Regulieren der Belüftung dient.

## Tipps

- Alte Fenster sollten frei von Holzfäule sein.
- Wird das Frühbeet so groß, dass es nur schwer bewegt werden kann, sollte der Kasten direkt am vorgesehenen Platz gebaut werden, denn ein Kasten mit Glasabdeckung ist schwer.
- Achten Sie darauf, dass die Palettenbretter gleich groß sind. Das macht das Berechnen und Messen wesentlich einfacher.

## Grundaufbau

**Das alte Fenster, das ich verwendet habe, hat die Maße dieses Projektes bestimmt. Natürlich kann man die Maße auch an den vorhandenen Platz und die zur Verfügung stehenden Materialien anpassen. Die Bauweise ist die gleiche.**

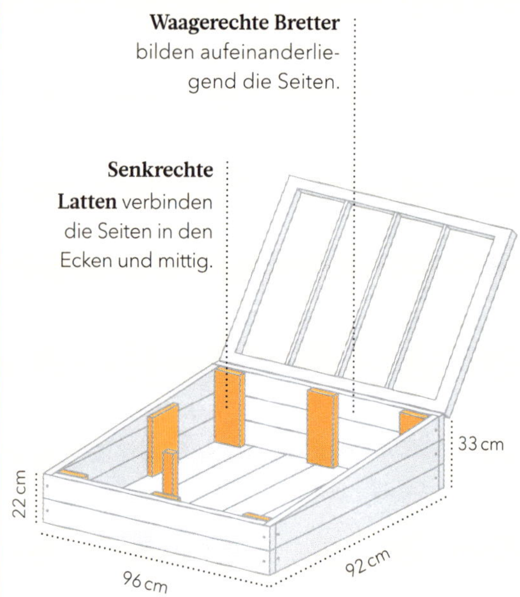

**Ein DIY-Frühbeet** aus gebrauchten Materialien kann passend zum vorhandenen Platz gebaut werden.

## Sie brauchen

Maßband

Altes Fenster

Bleistift

Schleifpapier (optional)

Holzfarbe für außen (optional)

2–3 Holzpaletten

Werkzeuge zum Auseinandernehmen der Paletten (großen Schlitzschraubendreher oder Zimmermannhammer, Kuhfuß)

Holzsäge

Schraubendreher (vorzugsweise elektrisch)

Schrauben (genug, um Bretter und Seiten zu verbinden. Die Anzahl der Schrauben hängt von der Größe des Frühbeetes ab)

Großer Winkel

2 Scharniere

## Anleitung

**Vorbereitung**
Das Fenster messen und entsprechend der Größe die Maße für den Kasten festlegen. Das Fenster sollte stabil auf den Kanten des Kastens liegen. Außerdem sollte die hintere Wand höher als die vordere sein. Damit Regenwasser gut abfließen kann, ziegelförmige Kunststoffplatten oder überlappende Glasscheiben von unten nach oben verlegen. So kann das Wasser von oben nach unten laufen, ohne dass sich Pfützen bilden, und es wird von den Pflanzen weggeführt.

**01**
Ist der Anstrich des Fensters abgeblättert, zunächst die alte Farbe vom Fensterrahmen schleifen. Anschließend mit einem Holzschutz für außen in der gewünschten Farbe streichen.

**02**
Die Holzpaletten mit einem Schlitzschraubendreher oder einem Zimmermannshammer in einzelne Bretter für den Kasten zerlegen. Alle Nägel herausschlagen und wenn möglich wiederverwenden. Dabei so viele Bretter wie möglich für die Seiten-, Rück- und Vorderwände und Verstrebungen gewinnen. Bretter und Latten mit der Säge auf die gewünschte Länge bringen. Da die Wände unterschiedlich hoch und die Seiten schräg sind, müssen die Verstrebungen unterschiedlich lang sein.

**03**
Jetzt Vorder- und Rückwand bauen, wobei die Rückwand eine Brettbreite höher sein sollte als die Vorderwand. So entsteht der abfallende Winkel. Dafür die Bretter auf eine ebene Fläche legen und durch die senkrechten Streben verbinden. Meist sind je nach Größe des Kastens zwei oder drei Streben sinnvoll. Geschraubt wird jeweils durch jedes Brett.

**04**
Eine Seitenwand aus derselben Anzahl Bretter wie die Vorderwand zusammenbauen (hier zwei Bretter) und mit Schrauben an der Vorder- und der Rückwand befestigen. Damit die Seitenwand zur höheren Rückwand und zur niedrigen Vorderwand passt, wird ein Brett diagonal geteilt. Das breitere Ende sollte jetzt zur hinteren Wand passen, das schmalere zur vorderen Wand, sodass eine Schräge entsteht.

**05**
Die Schritte für die andere Seite wiederholen und alle vier Wände mit Schrauben montieren. Dabei mit dem Winkel überprüfen, ob alle Ecken rechtwinklig sind. Vor dem endgültigen Verschrauben überprüfen, ob der Deckel gut auf dem Rahmen aufliegt.

01

**06**
Den Deckel mit zwei Scharnieren befestigen. Er sollte sich leicht und sicher öffnen lassen.

**07**
Ein kleines Stück Palettenholz (hier 30 cm lang) dient als Fensterheber, der den Deckel offen hält, wenn das Frühbeet belüftet werden soll. Dieses leicht an die Mitte der Vorderwand schrauben. Es sollte sich drehen lassen. Soll es innen noch kühler werden, zwei Latten senkrecht in die vorderen Ecken des Rahmens stellen und so die Belüftung steigern.

02

03

04

05

06

07

# Pflanzglocken und -tunnel

Ein **Miniaturgewächshaus** mit Lüftungsmöglichkeit kann als Pflanzglocke dienen.

**Pflanzglocken und -tunnel helfen beim Umzug aus dem warmen Gewächshaus ins Freiland und schützen Pflanzen vor niedrigen Temperaturen und Staunässe.**

Pflanzglocken im klassischen Sinne sind glockenförmige Konstruktionen aus Glas (»cloche« ist französisch für »Glocke«), mit denen man zarte Jungpflanzen im Beet abdeckte. So waren sie im Frühjahr vor Temperaturstürzen und Frost geschützt.

## Die Vorteile von Glocken und Tunneln

Kälteschutz mit Pflanzglocken und -tunneln hat mehrere Vorteile:

- Unter ihnen sind die Temperatur von Boden und Luft sowie die Luftfeuchtigkeit höher als ohne Schutz, wodurch die Keimung beschleunigt ist. Stellen Sie den Schutz eine Woche vor der Aussaat ins Beet, damit Boden und Luft sich aufwärmen.
- Durch die höheren Temperaturen unter dem Schutz können frühe Salatsorten und Sommersalate sowie Kräuter wie Dill oder Koriander etwa einen Monat früher ausgesät werden als ohne Schutz.
- In Pflanzglocken oder -tunneln geht nachts weniger Wärme verloren. Dadurch sind frühe Kulturen geschützt und die zusätzliche Wärme verlängert die Anbauzeit von Chili, Paprika und Auberginen, die bei niedrigen Temperaturen weniger Ernte bringen.
- Pflanzglocken und -tunnel bieten einen physikalischen Schutz vor Tauben, Mäusen, Schmetterlingsraupen und anderen Pflanzenschädlingen.
- Trockenes Laub ist weniger anfällig für Krankheiten. Unter Pflanzglocken und -tunneln bleiben Tomaten und andere empfindliche Pflanzen nachts trocken und neigen weniger zur Krautfäule. Diese entsteht, wenn die Blätter feucht sind. Unabhängig vom Material und der Art des Schutzes ist für die Gesunderhaltung der Pflanzen eine gute Belüftung unerlässlich. Bei hoher Luftfeuchtigkeit könnten Krankheiten und Fäule auftreten. Einfache Pflanzglocken und -tunnel kann man ohne Mühe auf einer Seite öffnen. So kann die Luft von unten hineinziehen.
- Zucchini- und Kürbispflanzen sind nach dem Auspflanzen ins Beet kälteempfindlich. Pflanzglocken und -tunnel bieten ihnen Schutz, bis die Temperaturen für sie angenehmer werden.
- Kalter Wind kann das Wachstum bremsen. In diesem Fall sorgt eine Pflanzglocke oder ein Tunnel für ein sanftes Wachstum und ermöglicht so die Ernte von frühen Salaten. Eine gute Belüftung sorgt zudem dafür, dass die Blätter abgehärtet werden und weniger krankheitsanfällig sind.

## Pflanzglocken und -tunnel wählen

Pflanzglocken und -tunnel aus Kunststoff sind wiederverwendbar und leicht, müssen in exponierten Lagen aber im Boden befestigt werden. Sonst werden sie bei Wind weggeweht. Pflanzglocken kann man überall, wo sie gebraucht werden, aufstellen, was sie sehr flexibel für den Schutz von einzelnen oder in Gruppen stehenden Pflanzen macht. Tunnel nutzt man vorwiegend für Pflanzreihen (s. nächste Seite). Abhängig davon, ob sie vor Kälte oder vor Schädlingen schützen sollen, werden sie mit Folie, Vlies oder Netz bespannt. Höhere Tunnel kann man im Sommer für wärmeliebende Paprika, Süßkartoffeln und Auberginen nutzen.

Bei Pflanzglocken ist die Auswahl hinsichtlich Robustheit und Preis groß. Glocken aus Glas und Metall sehen schön aus und bei guter Pflege halten sie ein Leben lang. Sie sind jedoch teuer. Modelle aus Kunststoff sind günstiger und können wiederverwendet werden, wenn man sorgsam mit ihnen umgeht. Aber selbst bei vorsichtigem Umgang müssen Kunststoffglocken nach ein paar Jahren ersetzt werden.

In der Nähe von Kindern und Haustieren können Glasglocken gefährlich sein und sie zu ersetzen ist teuer. Bei Kunststoff ist der Austausch weniger kostspielig. Wer wenig Geld zur Verfügung hat, kann die Glocken aus Wasserkanistern selber bauen. Dafür schneidet man den Boden heraus und drückt den Rand in die Erde. Bei geöffnetem Deckel kann die Luft zirkulieren und warme, feuchte Luft kann entweichen.

**Pflanzglocken und -tunnel** gibt es in verschiedenen Formen und Materialien – bis zum umfunktionierten Wasserkanister.

# Einen Pflanz-tunnel bauen

**Wem niedrige Kosten und Flexibilität wichtig sind und wer Pflanzreihen mit Nutzpflanzen schützen möchte, kann aus Folie einen Pflanztunnel bauen.**

Einen beweglichen Tunnel mit einer Abdeckung aus lichtdurchlässiger Folie kann man nicht nur leicht und günstig selber bauen, er kann je nach Fruchtfolge auch mühelos an einer anderen Stelle im Garten aufgebaut werden.

Biegbare Bewässerungsrohre aus dem Agrarhandel sind günstig und als Tunnelbögen gut geeignet. Zusammen mit einer Folienabdeckung entstehen daraus in Höhe und Breite veränderbare Tunnel, die für verschiedene Kulturen geeignet sind. Eine Doppelreihe Salat benötigt einen breiteren Tunnel, aber wenig Höhe, eine Reihe Paprika dagegen nach oben mehr Platz, da die Pflanzen höher werden und der Luftaustausch im Sommer gut sein muss.

## Sie brauchen

PE-Rohr (10- bis 12-bar-Druckrohre sind ideal)

Bambusstäbe, auf 30 cm Länge zugeschnitten

Lichtdurchlässige Folie

Dicker, verzinkter Draht

Drahtschneider

**Der selbst gebaute Tunnel** kann beliebig angepasst und an einen anderen Platz versetzt werden. Zum Lüften lässt er sich öffnen.

Der Tunnel hilft nicht nur, extreme Kälte von den Pflanzen fernzuhalten und sie vor Wind und Schädlingen zu schützen, er sperrt auch Regen und Bestäuber aus. Sobald der Tunnel steht, muss also achtsam gegossen und bei manchen Kulturen regelmäßig gedüngt werden. Damit Erdbeeren und Zucchini und andere Fruchtgemüse bestäubt werden können, muss eine gute Belüftung des Tunnels gewährt sein. Nur dann können die bestäubenden Insekten an die Pflanzen gelangen.

Auch die Größe des Tunnels sollte wohlüberlegt sein. Sind die Beete etwa 120 cm breit, kann die Mitte des Tunnels von beiden Seiten gut erreicht werden. Eine Höhe von 60 cm reicht für die meisten Salatarten und Kräuter. Paprika, Auberginen und größere Chili benötigen einen Tunnel von 80–100 cm Höhe.

## Anleitung

**01**

Zuerst die Jungpflanzen in Reihen ins Beet setzen. Das Rohr in die gewünschte Anzahl Stücke schneiden. Sie sollten lang genug sein, um einen Bogen bilden zu können, der die Reihe(n) mindestens 60 cm hoch überspannt.

**02**

Die Bambusstäbe in die Enden der Rohrstücke stecken. Sie stabilisieren die Bögen zusätzlich.

**03**

Die Rohre mit den Bambusstäben entlang der Beetränder in gleichmäßigen Abständen (etwa 50 cm) in die Erde stecken. So lassen die Bögen den Pflanzen genug Platz zum Wachsen und die Luft kann zirkulieren.

**04**

Die Folie so zurechtschneiden, dass sie die Bögen überdeckt und an den Seiten und an beiden Enden zusammengerollt und gut verschlossen werden kann. Das hält Kaninchen, Vögel und Schnecken fern. Die Folie mittig über die Rohrbögen legen.

**05**

Vom verzinkten Draht Stücke mit 20 cm Länge abknipsen und in u-förmige Krampen biegen. Mit diesen die eingerollten Enden der Folie an allen Seiten des Tunnels im Boden befestigen.

**06**

An warmen Tagen kann der Tunnel geöffnet werden, indem man die Folie an der vom Wind abgewandten Seite aufrollt und mit Wäscheklammern an den Rohren befestigt. So kann die Luft ausgetauscht werden und zirkulieren, was Krankheiten und Fäule verhindert. Außerdem sind auf diese Weise die Pflanzen für Pflegearbeiten erreichbar.

01

02

03

04

05

06

**Praktische Aspekte** wie die Planung des Standorts, das Design, das Budget und der Gewächshaustyp tragen gemeinsam zum Gelingen eines erfolgreichen Gewächshausbaus bei.

# Planen und gestalten

**Am Anfang der Planung sollte man überlegen, an welchem Standort gleichzeitig gesundes Wachstum und bequemes Arbeiten möglich sind und wie das Gewächshaus sich in den Garten einfügt. Ist dies geklärt, ist es zum Gärtnern im Gewächshaus nur noch ein kleiner Schritt.**

Der Standort des Gewächshauses hat Auswirkungen auf das Wachstum der Pflanzen, auf das Aussehen des Gartens und auf seine Nutzung. In die Überlegungen einbezogen werden sollten die leichte Erreichbarkeit, der beste Platz hinsichtlich Licht und Windschutz sowie die Frage, welche Genehmigungen eventuell eingeholt werden müssten. Sowohl in Wohngebieten als auch in Kleingartenanlagen gilt es außerdem, die Auswirkungen auf das Nachbargrundstück zu bedenken.

## Regeln und Gesetze

Ein Gewächshaus zu bauen kostet Zeit und ist viel Arbeit. Es lohnt sich daher, vor dem Kauf die lokalen Planungs- und Bauvorschriften zu prüfen und einen Antrag zu stellen, bevor mit dem Bau begonnen wird. In Deutschland regeln die Bundesländer, ob eine Baugenehmigung notwendig ist. Geregelt ist dies in den entsprechenden Bauverordnungen. Erkundigen Sie sich ebenfalls bei Ihrer Gemeinde, welche Abstände zu Grundstücksgrenzen und anderen Gebäuden eingehalten werden müssen.

Ist eine Genehmigung notwendig, sollte ein Architekt oder Bauingenieur zurate gezogen werden. Oft dürfen die Anträge sogar nur von qualifizierten Fachleuten gestellt werden. Und auch wenn aus rechtlichen Gründen keine Einwilligung eingeholt werden muss, lohnt es sich, die Nachbarn vor dem Bau des Gewächshauses zu informieren.

Auch in Kleingartenanlagen ist es notwendig, den Bau eines Gewächshauses genehmigen zu lassen. Die Vorschriften sind in der Gartenordnung der jeweiligen Gemeinde und der Vereine festgehalten. Ein gutes Nachbarschaftsverhältnis ist im Kleingarten ebenso wichtig wie im Wohngebiet.

## Den Standort wählen

Zahlreiche Faktoren sind bei der Platzierung des Gewächshauses zu bedenken.

### Lichtverhältnisse

Damit das ganze Jahr über möglichst viel Licht ins Gewächshaus fällt und es bestmöglich genutzt werden kann, sollte der Grundriss von Osten nach Westen ausgerichtet sein. Häuser, die in Nord-Süd-Richtung stehen, bekommen im Sommer viel Licht, im Frühjahr jedoch weniger.

Aus dem gleichen Grund sollte das Gewächshaus nicht im Schatten von Gebäuden oder Bäumen stehen. Jeglicher Schatten kann das Pflanzenwachstum hemmen oder zu lange, weiche Triebe verursachen. Das wird vor allem ein Problem, wenn die Tage im Winter und Frühling kürzer sind.

**Am besten** lässt sich das Potenzial eines Gewächshauses nutzen, wenn es am optimalen Standort steht.

## Windschutz

Ein guter Standort für ein Gewächshaus ist eine windgeschützte, abgeschirmte Stelle im Garten. Bei starkem Wind oder Sturm will man schließlich nicht ständig um das Gewächshaus bangen müssen. Andererseits sollte es jedoch auch nicht unter Bäumen stehen. Herabfallende Äste könnten es sonst beschädigen.

Kalte Luft fließt genau wie Wasser immer nach unten. Ein Gewächshaus sollte daher nicht am Fuß eines Hangs stehen, vor allem dann nicht, wenn er nach Norden ausgerichtet ist. Solche Stellen sind oft Frostsenken, was im Winter und Vorfrühling Schäden an den Pflanzen verursachen kann.

## Erreichbarkeit

Da man fast täglich ins Gewächshaus gehen muss, kann ein weiter Weg oder einer, der mit Hindernissen blockiert ist, dazu führen, dass man sich über den langen oder schwierigen Marsch dorthin ärgert. Vor allem Menschen mit körperlichen Einschränkungen sollten daher einen Standort wählen, der leicht erreichbar ist. Falls der Weg über Rasenflächen führt, ist es sinnvoll, ihn zu pflastern. Damit das Hin- und Hergehen einfacher wird, sollten alle Zuwege frei von Unrat und Bewuchs gehalten werden.

## Zugang zur Technik

Sollen im Gewächshaus elektrische Leitungen verlegt werden oder ein Bewässerungssystem, das an Wasserleitungen angeschlossen wird, beeinflusst auch dies den möglichen Standort. Den Zugang zu Strom und Wasser im Gewächshaus zu ermöglichen kann teuer und aufwendig sein. Je näher das Haus an bestehenden Leitungen gebaut wird, desto kostengünstiger ist der Anschluss. Lassen Sie sich aber nicht entmutigen, wenn das Budget dafür nicht reicht: Die meisten Menschen kommen sehr gut mit Gießkanne und mobilen Heizlüftern zurecht.

**Zum Gewächshaus** sollte ein Weg führen. Ein Anlehngewächshaus platziert man nahe der Hintertür.

## Ein guter Standort

Praktische Gesichtspunkte wie Licht, Windschutz und leichte Erreichbarkeit sollten bei der Standortwahl berücksichtigt werden.

***Schlechter Standort*** ***Guter Standort***

## Das Gewächshaus an die Gartengestaltung anpassen

Gewächshäuser sind nicht nur rein praktische Bauten. Sie können vielmehr so geplant werden, dass sie den Garten ergänzen oder sogar verschönern. Das Rahmenmaterial kann nach ästhetischen Gesichtspunkten oder passend zum Wohnhaus oder anderen Gartenelementen gewählt werden. Sowohl Größe als auch Proportionen des Gewächshauses sollten zum restlichen Garten passen. Zudem ist es wert zu überlegen, welchen Stellenwert es in der Gesamtgestaltung des Gartens haben soll.

Gewächshäuser fügen sich gut in die Gestaltung ein, wenn man als Kontrast zu ihren geraden Formen drumherum Beete anlegt und Pflanzgefäße aufstellt (die Pflanzen darin sollten das Haus aber nicht beschatten). Hochbeete mit Schnittblumen oder Gemüse können sehr passend zum Gewächshaus wirken. Sie sorgen für Struktur und Farbe und ergänzen das Thema dieses Gartenbereichs gut. Vor allem während der Sommermonate verleihen solche sorgfältig geplanten Pflanzungen diesem Arbeitsbereich sowohl Fülle als auch Weichheit.

**Steinplatten** eignen sich für große Gewächshäuser, Punktfundamente eher für kleinere.

# Bauweisen

**Bevor Sie sich von all den Pflanzmöglichkeiten beim Gärtnern im Gewächshaus verführen lassen, sollten Sie sich mit einem der wichtigsten Schritte beschäftigen – dem Fundament und der Bauweise.**

Steht der Platz für das Gewächshaus fest, ist es an der Zeit, sich Gedanken über das Fundament zu machen und wie man es selbst baut oder von jemand anderen bauen lässt. Bei gebrauchten Gewächshäusern ist es jetzt an der Zeit herauszufinden, wie es zerlegt und wieder aufgebaut wird und ob es notwendig ist, Glasscheiben zu ersetzen.

## Das Fundament

Fundamente für Gewächshäuser müssen exakt rechteckig und mit der Wasserwaage ausgerichtet sein. Das gilt ganz besonders für größere Gewächshäuser, die in der Bauweise aufwendiger sind. Eine unebene Basis verursacht beim Bauen nichts als Kopfschmerzen. Bei der Entscheidung, ob man das Fundament selbst baut oder bauen lassen möchte, ist ratsam, die eigenen Fähigkeiten ehrlich einzuschätzen. Ein Fachbetrieb bringt die notwendigen Maschinen und Lasermessgeräte mit, sodass das Fundament perfekt wird.

## Fundamentarten

Welche Pflanzen Sie anbauen möchten, die Größe des Gewächshauses und seine Erreichbarkeit sind Faktoren, die es bei der Entscheidung für das richtige Fundament zu berücksichtigen gilt. Für ebene Grundstücke eignet sich eines oder eine Kombination aus den hier vorgestellten Fundamenten.

- **Betonplatte** Eine haltbare langlebige, aber im Vergleich zu den anderen Varianten teure Möglichkeit. Je nach Gewächshausgröße kann der Beton in einer Schubkarre oder im Zementmischer angerührt oder (sofern das Grundstück einen geeigneten Zugang hat) fertig per LKW angeliefert werden. Die Pflanzen können dann nur in Gefäßen oder Hochbeeten angebaut werden.
- **Punktfundament** Die einfachste und günstigste Fundamentart. Es werden lediglich in den vier Ecken Betonpunkte angelegt, auf denen der Gewächshausrahmen befestigt wird. Der gewachsene Boden dient dann zum Pflanzen und zum Anlegen von Wegen. Nicht für größere Gewächshäuser geeignet.
- **Steinplatten** Eine schöne, langlebige Möglichkeit. Man kann gebrauchte oder neue Platten aus Natur- oder Kunststein verwenden und so das Aussehen vielseitig gestalten. Solche Fundamente sind stabil, dennoch kann Wasser ablaufen.
- **Streifenfundament** Hier baut man aus Holzbohlen und Loch- oder Backsteinen einen rechteckigen Rahmen, auf dem das Gewächshaus befestigt wird. Hier braucht man weniger Material als für ein Plattenfundament. Das Fundament kann leicht zurückgebaut werden.

## Bauen oder bauen lassen?

Wer sich für ein maßgeschneidertes Gewächshaus entschieden hat, kann es sich von einem Fachbetrieb aufbauen lassen. Meist werden Gewächshäu-

ser aber als Bausätze gekauft und man kann sich entscheiden, ob man es von einem Fachbetrieb aufbauen lässt oder selbst Hand anlegt. Auf den ersten Blick mag das Beauftragen eines Fachbetriebs teuer erscheinen, aber auch dies ist eine Gelegenheit, die eigenen Fähigkeiten unter die Lupe zu nehmen. Haben Sie die Fachkenntnis und die Geduld, die es braucht, ein Gewächshaus zu bauen? Und das auch, wenn es gebraucht ist und vielleicht Teile fehlen?

In den Standardbausätzen ist alles enthalten, was nötig ist. Und auch wenn es wirkt, als ob Hunderte von Kisten geliefert wurden, ist der Aufbau nicht allzu schwer, wenn man die Aufbauanleitung systematisch liest, sich nicht unter Zeitdruck setzt und eine weitere Person hilft. Meist baut man erst die Seiten, anschließend das Dach und zum Schluss die Abdeckung. Erscheint das zu schwer, kann man sich vom Händler einen Fachbetrieb empfehlen lassen, der das Gewächshaus aufbaut. Solche Firmen haben viel Erfahrung und auch wenn das zusätzliche Kosten verursacht, wird das Ergebnis wahrscheinlich besser und der Aufbau geht wesentlich schneller.

Eine andere Möglichkeit ist es, ein Gewächshaus komplett und aus Rohmaterialien selbst zu bauen. Das kann eine sehr erfüllende Erfahrung sein. Vor dem Start sollte man sich jedoch selbst fragen, ob man die Zeit, die Erfahrung und das Geld hat, die Einzelteile zu einer Konstruktion zusammenzubauen, die stabil und für den Anbau von Pflanzen geeignet ist. Schließlich müssen auch Details wie Belüftung, Heizung, Regale und der Lichteinfall bedacht werden.

## Gebrauchte Gewächshäuser

Wer sich für ein gebrauchtes Gewächshaus entscheidet, muss es zum Transport meist am alten Standort abbauen und im eigenen Garten wieder aufbauen. Das mag entmutigend klingen, denn meist ist die Aufbauanleitung schon seit vielen Jahren nicht mehr vorhanden. Mit etwas Vorbereitung und einem systematischen Vorgehen ist das jedoch gut machbar. Wer sich für das Selber-Abbauen entscheidet, findet hier eine Anleitung. Eine andere Möglichkeit ist es, bei einem lokalen Gewächshaushändler nach Adressen von Fachbetrieben zu fragen, die gebrauchte Gewächshäuser aufstellen.

### Ein gebrauchtes Gewächshaus auf- und wieder abbauen

Beim Abbauen sollten möglichst große Stücke zusammenbleiben. Außerdem ist es hilfreich, viele Fotos, Notizen und Zeichnungen zu machen. Auch das Durchnummerieren der Glasscheiben während des Abdeckens ist hilfreich. Tragen Sie feste Handschuhe und entfernen Sie Hindernisse oder Stolperfallen auf den Wegen, wo Sie das Glas tragen. Alte Handtücher, Decken und Bettwäsche sind praktisch, um die Glasscheiben zu schützen. Auch ist es gut, Helfer dabeizuhaben. Der Abbau sollte systematisch und in dieser Reihenfolge ablaufen:

- Von oben nach unten arbeiten und erst die Glasscheiben vom Dach, dann von den Seiten abnehmen. Halterungen nicht verlieren. Die Scheiben von den Seiten am oberen Ende anfassen und vorsichtig in Richtung Boden senken. Dann sicher verpacken.
- Lüftungen und Türen abbauen. Die Lüftungsklappen durch Anheben aus dem Rahmen ziehen. Automatische Fensteröffner vorher entfernen.
- Die Dachkonstruktion so wenig wie möglich auseinanderbauen. Je weniger auseinander gebaut wird, desto weniger muss später wieder montiert werden.
- Die Seiten vom Rahmen trennen, dabei so viele Muttern und Schrauben einsammeln wie möglich. Ist eine Seite vom Rahmen gelöst, langsam auf den Boden legen.
- Beim Aufbauen in umgekehrter Reihenfolge vorgehen. Um für alle Eventualitäten vorbereitet zu sein, zusätzliche Halterungen und Schrauben kaufen.

**Die richtigen Werkzeuge** und ein paar Grundkenntnisse reichen, um kleine Gewächshäuser ab- und aufzubauen oder sie zu reparieren.

## Glasscheiben einpassen

Das Wissen, wie man Glasscheiben einpasst, ist sowohl für das Aufstellen von neuen Gewächshäusern als auch für den Aufbau von gebrauchten notwendig. Auch beim Instandhalten bestehender Gewächshäuser ist es hilfreich. Denn auch der vorsichtigsten Person geht mal eine Scheibe oder zwei zu Bruch. Dann ist es wichtig, diese rasch und sicher ersetzen zu können.

**01**
Die Scheibe im Rahmen anheben und vorsichtig Richtung Körper kippen. Ich finde Griffe mit Saugnäpfen dafür sehr praktisch.

**02**
Je nach Bauweise die Scheibe in die Halterungen oder die Nut setzen, die die Scheiben zusammenhalten, oder am Rahmen befestigen.

**03**
Die Scheibe in den Rahmen kippen und die Kanten senkrecht ausrichten. Dabei das Glas immer sicher festhalten.

**04**
Mit einer Zange oder den Fingern die Halterungen an die Ränder der Scheibe schieben und das Glas damit am Rahmen befestigen. Je sicherer das Glas befestigt ist, desto besser.

01

02

03

04

# Türen und Belüftung

**Standardbausätze** haben Schiebetüren, die oben und unten in Schienen laufen.

**Zugänglichkeit und Luftzirkulation sind beim Bau eines Gewächshauses wesentlich. Die Türen und die Belüftungsmöglichkeiten werden täglich gebraucht. Sind sie falsch geplant, ärgert man sich jedes Mal, wenn die Schubkarre mühsam durch eine enge Tür geschoben werden muss oder ständig Schädlinge und Krankheiten bekämpft werden müssen, die sich in der stehenden Luft schnell ausbreiten.**

Ein gut funktionierendes Gewächshaus braucht Platz zum bequemen Arbeiten und für die Gesundheit der Pflanzen eine effektive Belüftung. Ein leichter Zugang ist für jeden Gärtner wichtig, aber um so wichtiger für Rollstuhlfahrer und Menschen mit körperlichen Beeinträchtigungen. Wenn Platz und Budget es zulassen, empfehle ich aus praktischen Gründen Doppelflügeltüren. Für kleinere Gewächshäuser sind einflügelige Türen meist ausreichend, können aber mit Schubkarre oder Rollstuhl schwer zugänglich sein und man kann jeweils nur kleine Mengen Erde hinein- und herausbefördern.

Ist die Frage der guten Zugangsmöglichkeit gelöst, sollte das Augenmerk darauf gelegt werden, dass die Luft im Gewächshaus gut zirkulieren kann. Einige Pflanzen, darunter tropische Orchideen und Palmen, Gurken, Melonen und Auberginen lieben warme, feuchte Bedingungen. Die meisten Kulturen benötigen für gesundes Wachstum jedoch trockenere, leicht bewegte Luft. Dies hilft, Krankheiten, Fäulnis und Schädlinge zu vermeiden. Die Belüftung, egal ob als Fenster im Dach oder an den Seiten oder als Lüftungsklappen, ist daher eines der wichtigsten Hilfsmittel, damit Pflanzen gut gedeihen. Sie sollte daher sorgsam geplant werden. Es ist besser, zu viele Belüftungsmöglichkeiten einzuplanen als zu wenige, um sie bei Bedarf nutzen zu können, bevor man die Möglichkeit dafür erst gar nicht hat. Wer sein Gewächshaus selber baut, sollte die Belüftung als einen der wichtigsten Aspekte bei der Gestaltung betrachten.

## Türen

Neue Gewächshäuser werden meist als Standardbausätze angeboten, die durch zusätzliche Belüftungselemente und verschiedene Türarten erweitert werden können. Das kostet natürlich extra. Auch die Größe des Gewächshauses spielt eine Rolle. Bei den meisten größeren Modellen ist es möglich, Doppelflügeltüren einzubauen.

### Türen einbauen

Bei Bausätzen, aber auch bei zerlegten, gebrauchten Gewächshäusern ist es sinnvoll, die Tür zu verglasen, bevor man sie an den Rahmen montiert. Eine bereits eingehängte Tür zu verglasen ist schwierig und gefährlich. Besser ist es, auf einem Tisch oder auf dem Boden zu arbeiten und Schrauben und Muttern zu verwenden, die entweder im Bausatz enthalten sind oder die man sich vor dem Bau eines selbst entworfenen Gewächshauses besorgt hat. Meist ist am Rahmen eine Schiene angebracht, an der die Tür hängt und mithilfe von Rollen auf- und zugeschoben wird. Auch das untere Ende der Tür läuft in einer Schiene. Sie hat eine Lippe, die Spannung erzeugt und so die Tür offen hält. Die Tür(en) laufen von links nach rechts, am Ende der Schienen ist ein Stopper. Die Türscharniere und die Schienen sollten immer sauber gehalten und gut gefettet sein.

**Mit einer Trennwand** können in größeren Gewächshäusern mehrere Temperaturzonen geschaffen werden.

## Trennwände

Bei größeren Gewächshäusern besteht die Möglichkeit, Trennwände einzuplanen und sie mit einer zusätzlichen Tür auszustatten. So lassen sich in einem Gewächshaus verschiedene Zonen mit unterschiedlichen Wachstumsbedingungen einrichten. Tomaten und Gurken sind die beliebtesten Kulturen für den Anbau im Gewächshaus, brauchen aber unterschiedliche Bedingungen. Gurken mögen es warm und feucht, Tomaten dagegen heller und gut belüftet. Mit einer Trennwand kann man beides ermöglichen und diese beiden Kulturen erfolgreich gleichzeitig anbauen.

Auch im Winter können Trennwände hilfreich sein, denn man kann damit die zu beheizende Luftmenge verringern, was die Heizung effizienter macht. In meinem größeren Gewächshaus habe ich den kleineren, abgetrennten Bereich im hinteren Teil zum Überwintern und für die Pflanzenanzucht genutzt. So waren die jungen, verletzlichen Sämlinge und die empfindlichen Pflanzen mit einer Heizung vor großer Kälte geschützt, aber die Heizung brauchte weniger Strom oder Kraftstoff, als wenn ich das ganze Gewächshaus beheizt hätte.

Trennwände mit Türen sind als Zusatzmodule für Gewächshausbausätze erhältlich. Eine günstigere Möglichkeit ist es, eine dicke, lichtdurchlässige Folie von der Decke bis zum Boden zu spannen und als Durchgang in die Mitte einen Schlitz zu schneiden. Die Folie dient dann als trennender Vorhang.

## Belüftung

Wenn Fenster und Türen geöffnet sind, zieht frische Luft durch das Gewächshaus. Da drinnen die warme Luft aufsteigt und die kühle Luft von außen nach unten fließt, zirkuliert die Luft um die Pflanzen und zieht womöglich sogar aus dem Gewächshaus. Dabei nimmt sie Wärme und etwas Feuchtigkeit mit. Diese erfrischende Luftbewegung ist wichtig für einen gesunden Wuchs der Pflanzen, außerdem verringert sie das Risiko, dass Schädlinge und Krankheiten auftreten. Die meisten Gewächshäuser haben ausreichend Belüftungsmöglichkeiten. Sollte es doch vermehrt zu Krankheiten und Fäulnis kommen, können elektrische Ventilatoren eingebaut werden.

### Dachfenster

Im Dach sollte es möglichst mehrere Fenster geben. Ich empfehle, dass etwa 20 Prozent der Bodenfläche als Dachfensterfläche angelegt werden. Die Wärme im Gewächshaus kann dann aufsteigen und nach außen gelangen. Im Sommer ist diese Möglichkeit, warme Luft abzuführen, entscheidend.

Dachfenster gibt es in verschiedenen Bauweisen. Die erste Möglichkeit sind manuell betriebene, die je nach Temperatur von Hand geöffnet und geschlossen werden. Manuelle Fenster hat man besser unter Kontrolle als automatische. Diese nutzen eine Salzlösung oder Wachs, die sich bei Wärme ausdehnen. Dadurch hebt ein Kolben das Fenster an. Sinkt die Temperatur, zieht sich die Flüssigkeit zusammen und das Fenster wird geschlossen. Solche Fenster sind praktisch, wenn man tagsüber nicht zuhause ist und nicht spontan auf wechselnde Temperaturen reagieren kann.

Auch die Höhe des Gewächshauses spielt eine Rolle. Manche Gewächshäuser sind viel höher als die Menschen, die darin gärtnern, groß sind. In solchen Fällen sind automatische Dachfenster vorzuziehen, denn man spart sich die Verwendung einer Trittleiter, wenn man die Fenster öffnen will.

**Dachfenster** sind für ein Gewächshaus unverzichtbar. Sowohl manuelle als auch automatische Öffner können nachträglich eingebaut werden.

### Dachfenster einbauen

Der Einbau kann je nach Modell unterschiedlich sein, jedoch müssen immer erst die Dachfenster montiert werden, bevor das Dach verglast wird. Meist werden die Fenster in Leisten geschoben und sind dann gesichert. Sie können mittels eines Hebels geöffnet werden. Die automatischen oder manuellen Fensterheber können zum Schluss eingebaut werden.

### Seitenfenster und Lüftungsklappen

Seitenfenster und Lüftungsklappen sorgen um die Pflanzen für eine leichte Luftbewegung. Was nicht entstehen sollte, ist ein kalter Luftzug, was oft beim Öffnen der Tür und Dachfenster im Frühjahr passiert. Ich belüfte mein Gewächshaus in drei Stufen:

1. Steigen die Temperaturen, sorge ich für leichten Luftaustausch, indem ich die Seitenfenster etwas öffne.
2. Die zweite Stufe ist das Öffnen der Dachfenster. So kann überschüssige warme Luft entweichen und die Luftzirkulation wird stärker.
3. An besonders warmen Tagen ist der dritte Schritt das Öffnen der Türen. Stellt man sie nur etwas auf, sorgt der leichte Luftzug im Haus für Luftbewegung. Öffnet man sie ganz, ist der Luftaustausch größer. An warmen Tagen ist der Luftzug durch die Türen nicht kalt und schadet den Pflanzen nicht, denn im Gewächshaus ist es dann sehr warm. An warmen, windstillen Sommertagen öffnet man die Türen am besten am späten Vormittag und schließt sie am frühen Abend. So bleibt die Wärme im Gewächshaus, bevor es kühler wird.

### Lüftungsklappen einbauen

Lüftungsklappen werden eingebaut, wenn die Glasscheiben an den Seiten montiert sind. Bei Bausätzen ersetzen die Klappen Glasscheiben. In diesem Fall sollten sie vorab zusammengebaut werden. Die Glasstreifen werden erst nach dem Verglasen der Seitenwände eingebaut, also als letzter Schritt beim Verglasen des Gewächshauses. Lüftungsklappen werden knapp über dem Boden angebracht.

**Die Glasstreifen** sollten erst am Ende in die Rahmen der Lüftungsklappe gesteckt werden. Die Lüftung wird von Hand gesteuert.

So wird die kalte Luft ins Gewächshaus geleitet, wo sie sich aufwärmt und aufsteigt. Für Eigenbau-Gewächshäuser kann man Lüftungsklappen kaufen und sie beim Anbringen der Scheiben montieren.

## Für perfekte Belüftung sorgen

Kalte Zugluft im Winter und Frühling muss unbedingt vermieden werden. Das Regulieren der Luftbewegung ist eine Kunst, die man nur durch Erfahrung lernt. Als Faustregel kann man sagen, dass mit höheren Temperaturen auch mehr gelüftet werden kann.

Gleichzeitig soll die Kraft der Sonne genutzt werden und für bestes Pflanzenwachstum sorgen. Das Gewächshaus soll sich also morgens langsam so stark aufheizen, dass es sich für uns leicht unangenehm anfühlt. Für die Pflanzen ist das die Temperatur, bei der sie gut wachsen. Nun muss aber die Temperatur etwas gesenkt und für Luftzug gesorgt werden.

Wie viel man lüftet, ist abhängig vom Tag und der Windrichtung. Vertrauen Sie Ihrem Gefühl, um einzuschätzen, ob es wärmer werden soll und Sie weniger lüften oder ob es Zeit ist, die Temperatur durch stärkere Luftzirkulation und das Befeuchten des Bodens zu senken (S. 114).

Abends, wenn das Gewächshaus mit Sonnenenergie gefüllt und die Umgebungstemperatur hoch ist, werden Fenster und Türen geschlossen. So bleibt die Wärme im Haus und die Pflanzen wachsen bis zum frühen Abend weiter. Am nächsten Tag beginnt der Ablauf aufs Neue. Mit einem Gewächshaus wird also nicht nur die Anbausaison verlängert, sondern auch die Anzahl an Stunden pro Tag, in denen die Pflanzen wachsen.

**Eine gute Belüftung** durch verstärkte Luftzirkulation, wie sie durch geöffnete Fenster, geöffnete Klappen und das Erhöhen der Temperatur entsteht, ist der Schlüssel für gesunde Pflanzen.

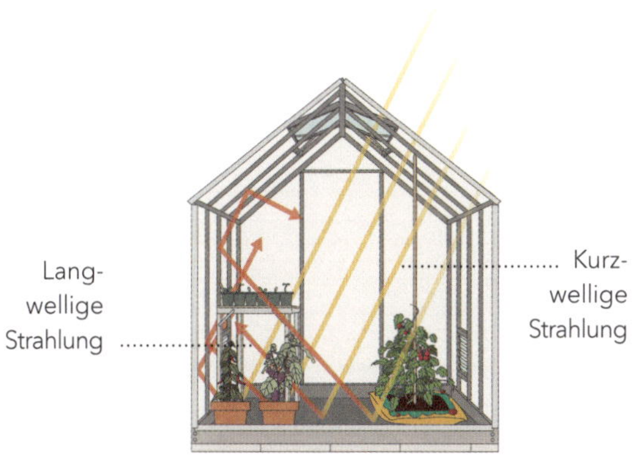


**Gewächshäuser speichern** Sonnenenergie, die als kurzwellige Strahlung ins Innere gelangt. Die langwellige Strahlung wird vom Glas reflektiert. Kann diese nicht nach draußen gelangen, steigt im Inneren des Hauses die Temperatur.

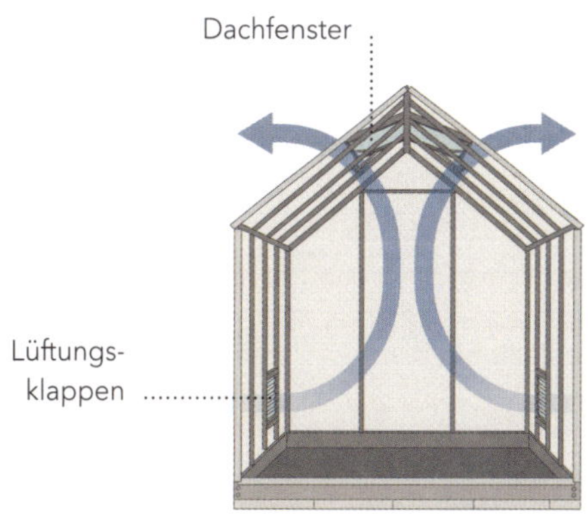


**Bei geöffneten Fenstern und Klappen** wird durch die Seitenlüftung kalte Luft ins Haus gezogen, während gleichzeitig warme Luft durch die Dachfenster nach draußen steigt. Diesen Vorgang nennt man passive Lüftung.

# Boden und Wege

**Es lohnt sich, für die Überlegungen, wie man sich im Gewächshaus bewegen will, etwas Zeit einzuplanen. Denn der Bodenbelag wirkt sich jeden Tag auf den praktischen Nutzen des Gewächshauses aus.**

Bei der Auswahl des Bodenbelags für das Gewächshaus spielen einige praktische Faktoren eine Rolle. Die wichtigsten sind die Kosten sowie die Haltbarkeit des Materials. Ist die Fläche nur gepachtet, ist Unkrautvlies mit Kies geeigneter als ein Betonboden. Den Boden offen zu lassen kostet praktisch nichts, außer etwas Bodenverbesserer. Eine andere wichtige Entscheidung betrifft die Frage, ob die gesamte Grundfläche bedeckt werden soll oder ob die meisten Bereiche offen bleiben sollen. Soll der ganze Boden mit Platten, Steinen oder Beton bedeckt werden, können die Pflanzen nur in Töpfen oder Hochbeeten gezogen werden. Die folgende Aufzählung soll helfen herauszufinden, welcher Bodenbelag am besten zur Größe der Fläche, den sonstigen Bedingungen und Ihrem Budget passt.

**Pflasterflächen** sorgen für ein einheitliches Aussehen und lassen sich gut sauber halten.

**Steinplatten** kann man wässern und so die Luftfeuchtigkeit erhöhen. Das Wasser fließt in den Fugen ab.

**Wege aus alten Klinkern** sehen sehr schön aus und sind sehr strapazierfähig.

## Verschiedene Bodenbeläge

**• Offener Boden**

Das Gewächshaus direkt auf den offenen Boden zu bauen ist recht unkompliziert, aber es hängt von der Bodenart ab, wie praktisch das ist. So wird ein schwerer Boden jedes Mal, wenn gegossen wird, zu Matsch. In diesem Fall ist es sinnvoll, Wege aus Kies, Steinplatten oder Beton anzulegen (S. 52).

**• Unkrautvlies und Kies**

Unkrautvlies, auch Bändchengewebe genannt, besteht aus gewobenen Materialien, die lichtundurchlässig sind und so dafür sorgen, dass das Unkraut am Keimen und Wachsen gehindert wird. Es lässt sich fegen, verbessert das Abfließen von Wasser und ist eine der praktischsten und günstigsten Möglichkeiten. Der Nachteil ist, dass das Gewebe vor allem auf viel genutzten Flächen nach einigen Jahren ersetzt werden muss, denn es kann reißen und dann zur Stolperfalle werden. Zum Schutz kann man es mit einer Schicht Kies abdecken. Das macht die Fläche zudem noch attraktiver.

**• Pflastersteine**

Pflasterstein ist ein meist eher teurer Bodenbelag für Gewächshäuser. Solche Flächen sind aber auch besonders schön, vor allem, wenn man gebrauchte Steine verwendet und der Weg eine alt wirkende Patina hat. Pflasterflächen sind sehr langlebig, können Wasser aufnehmen und erhöhen so die Luftfeuchtigkeit.

**• Beton**

Betonflächen sind eher teuer, vor allem weil für das Anlegen meist ein Fachbetrieb nötig ist. Beton ist sehr langlebig und leicht zu pflegen. Es muss aber an eine Drainage gedacht werden, da er nicht wasserdurchlässig ist.

**• Platten**

Naturstein-, Beton- oder andere, auch gebrauchte Platten eignen sich gut als Bodenbelag fürs Gewächshaus, denn in den Fugen kann Wasser gut ablaufen. Bodenplatten sind robust und leicht zu pflegen. Oft findet man auf Online-Marktplätzen günstig gebrauchte Materialien.

**Gebrauchte Bodenplatten** aus Natur- oder Recyclingmaterialien sind leicht zu bekommen und günstig.

# Einen Weg pflastern

**Ein Gewächshaus sollte man nicht nur als zweckmäßigen Bau betrachten. Mit etwas Geschmack und kreativen Ideen kann es zu einem einzigartigen Gartenelement werden. Aus welchem Material die Wege sind und wie die Oberfläche behandelt ist, ist eine Möglichkeit, sich hier gestalterisch auszudrücken.**

Auf einem angelegten Weg bewegt man sich sicherer durch das Gewächshaus und verdichtet den Boden nicht. Am sinnvollsten legt man ihn entlang der meist benutzten Strecken an. Meist ist das in der Mitte, sodass an den Seiten und am Ende des Hauses Platz für Beete bleibt.

## Praktische Überlegungen

Wege sollten so breit sein, dass das Ende des Beetes gut von ihnen aus zu erreichen ist. Gegärtnert werden sollte vom Weg aus, damit die Erde in den Beeten möglichst wenig verdichtet wird. Außerdem sollte man abwägen, wie leicht sich die Oberfläche sauber halten lässt. Feste Bodenbeläge kann man fegen. In Kies lagert sich schnell Erde ab, in der sich Unkräuter ansiedeln.

Auch wie lange der Weg halten soll, spielt bei der Wahl des Bodenbelags eine Rolle. Vor allem bei Mietshäusern sind Wege praktisch, die leicht entfernt werden können. Hier empfiehlt sich ein Bett aus Fugensand und Zement.

**Treten Sie möglichst** nicht direkt in die Beete oder legen Sie eine Schaumstoffmatte unter, die das Gewicht verteilt. Verdichtete Böden kann man mit der Grabegabel lockern.

## Ästhetische Gründe

Statt praktischer Betonplatten habe ich mich für einen Vintage-Look und gebrauchten Naturstein entschieden. In meinem kleineren Gewächshaus reichten mehrere eckige, blockförmige Steine aus. Sie haben eine Oberfläche, die mir gefällt. Es gibt aber auch viele andere Möglichkeiten:

**Materialien für Wege im Gewächshaus**

- Kies
- Beton
- Natursteinplatten (neu oder gebraucht)
- Betonplatten (neu oder gebraucht)
- Rindenhäcksel
- Bändchengewebe
- Verdichteter Boden

## Sie brauchen

- Handschuhe
- Maurerschnur
- Holzpfähle oder Bambusstäbe
- Spaten
- Maske
- Schubkarre
- Zement
- Bausand
- Pflanzkelle
- Handharke
- Gebrauchte Natursteinplatten
- Pflasterhammer
- Wasserwaage
- Handfeger

## Anleitung

**01**
Den Weg mit Pfählen und Schnur markieren und die Fläche ausheben. Der Graben sollte 5 cm tiefer sein, als die Platten dick sind.

**02**
Zement und Sand im Verhältnis 1:6 zu Fundamentmörtel mischen.

**03**
Den Graben 5 cm hoch mit dem Mörtel füllen. Die Oberfläche mit der Handharke geradeziehen.

**04**
Die Platten probeweise auslegen und wieder entfernen. Mit dem Pflastern an der Tür beginnen. Die Höhe der Platten richtet sich nach der Höhe des Gewächshausrahmens.

**05**
Jede Platte beim Verlegen in Waage bringen. Dafür den Mörtel etwas formen und den Pflasterhammer nutzen.

**06**
Platten nach und nach verlegen, dabei an der ersten Platte ausrichten. Noch einmal mit der Wasserwaage prüfen.

**07**
Löcher mit dem Finger mit Mörtel füllen und den Sand in die Fugen fegen.

**08**
Die Erde um die Platten wieder anfüllen und den Weg erst nach 24 Stunden betreten.

01

02

03

04

05

06

07

08

# Regale, Hängeborde und Pflanztische

**In unserem Gewächshaus wollen wir eine angenehme Zeit verbringen und unter guten Bedingungen gärtnern können. Die Arbeitshöhe spielt dafür eine entscheidende Rolle. Es gibt verschiedene Arten von Ablagen, Regalen und Tischen, die das Arbeiten erleichtern.**

Für Gewächshäuser gibt es fest eingebaute Regale und Tische oder mobile, die nur zu bestimmten Zeiten genutzt werden. Letztere kommen vor allem während der Anzucht im Frühling und im Frühsommer zum Einsatz, wenn für die zahlreichen Aussaaten und Jungpflanzen zusätzlich Platz geschaffen werden soll. Pflanzen, die erhöht stehen, können außerdem leichter kontrolliert und bewundert werden.

Regale und Tische können mit dem Gewächshaus zusammen erworben oder nachträglich gekauft werden. Zubehör vom Gewächshaushersteller ist einfach zu montieren, passt zu den Maßen und man muss sich keine weiteren Gedanken machen. Der Vorteil von selbst gebauter maßgefertigter Ausstattung ist jedoch, dass sie an den Nutzer, dessen Bedürfnisse und die gewünschte Arbeitshöhe angepasst werden kann.

Regale und Tische gibt es mit:
- Holzlatten oder Metallstangen
- Drahtgitter mit oder ohne Beschichtung
- Metall-, Holz- oder Kunststoffböden

Ich bevorzuge Holzlatten oder Drahtgitter. Durch sie kann überschüssiges Wasser ablaufen und die jungen Wurzeln wachsen nicht aus den Anzuchtschalen oder -töpfen hinaus, weil sie dann der Luft ausgesetzt wären.

Die Höhe von Regalen und Tischen sollte angenehmes Arbeiten über einen längeren Zeitraum ermöglichen. Das Stehen mit geradem Rücken sollte möglich sein, sodass man sich beim Arbeiten mit den Sämlingen nicht bücken muss.

## Hängeborde

Hängeborde sind meist schmaler und weiter oben angebracht als Regale. Auch sie vergrößern die

**Regale** sollten in angenehmer Arbeitshöhe angebracht werden.

Anbaufläche, denn mit ihnen werden die senkrechten Flächen genutzt. In Bezug auf Licht und Wärme bieten sie im Vergleich mit den Plätzen weiter unten ebenfalls einen gewissen Vorteil.

## Pflanztische

Pflanztische sind ein wichtiger Teil der Gewächshausausstattung, denn sie bilden die Grundlage, um gut arbeiten zu können. Auf Flächen aus Latten oder Stäben Aussaatschalen und Töpfe mit Erde zu füllen ist unpraktisch, denn die meiste Erde landet auf dem Fußboden.

Pflanztische gibt für jeden Geldbeutel und jeden Geschmack. Am besten geeignet sind solche in angenehmer Höhe sowie mit einer Arbeitsfläche mit geschlossenem Boden und einem Rand. Einen einfachen Pflanztisch mit Ablagen bekommt man günstig. Natürlich kann man auch sein eigenes Meisterwerk selber bauen. Ich bevorzuge mobile Pflanztische, die ich unter ein Regal schieben kann, wenn ich sie nicht brauche oder der Platz im Gewächshaus knapp ist. Dabei sollte die Höhe sowie die Tiefe der Arbeitsfläche angenehmes Arbeiten ermöglichen. Bei Bedarf kann die Arbeitsfläche schnell und einfach mit Holzblöcken oder Tontöpfen erhöht werden.

**Ablagen in verschiedenen Höhen** sind für die Anzucht unverzichtbar. Mit ihnen lässt sich der vorhandene Raum am besten für Aussaatschalen nutzen.

**Wenn im Frühling** die Pflanzen kräftig wachsen, bieten Hängeborde zusätzlichen Platz.

## Den Arbeitsplatz einrichten

Im Gewächshaus sollen nicht nur die Pflanzen gute Bedingungen vorfinden. Der Bereich zum Säen und Topfen ist der Arbeitsplatz des Gärtners. Dort werden zahlreiche Pflanzen angezogen. Am besten gestaltet man ihn so schön, dass man sich dort gerne aufhält. Ich nehme meist ein Radio und eine schöne Tasse Tee mit ins Gewächshaus, wenn ich mich dort länger aufhalten will. So kann ich die Pflanzenanzucht mit Entspannung und Wohlbehagen verbinden.

Der Pflanztisch und der Arbeitsbereich sollten so eingerichtet werden, dass alles, was benötigt wird, in greifbarer Nähe ist. Auf den Seiten 60-63 ist beschrieben, welche Utensilien zu einer Grundausstattung gehören.

## Mobile Arbeitstische

Pflanztische müssen nicht das ganze Jahr über am selben Platz stehen. Zu manchen Zeiten ist jeder Quadratmeter Anbaufläche kostbar – vor allem in den Sommermonaten, wenn es im Gewächshaus üppig sprießt. Es ist keine Schande, die Fläche optimal nutzen zu wollen. Ich stelle meinen Arbeitstisch Anfang Mai zur Seite, um mehr Platz für Pflanzen zu haben. Zum Ende des Sommers, nach der Haupternte, baue ich ihn dann wieder auf.

**Eine Pflanzwanne** hält beim Säen und Topfen den Arbeitsplatz sauber.

**Abnehmbare Regalböden** können abgebaut werden, wenn im Gewächshaus Platz gebraucht wird.

**Ein mobiler Pflanztisch** kann für angenehmeres Arbeiten im Sommer nach draußen gestellt werden.

Der größte Teil der Anzucht passiert zwischen Herbst und Frühsommer. Dann wird viel Platz für Jungpflanzen gebraucht. Warum also in kleinen Gewächshäusern nicht flexibel bleiben? Bei größeren Häusern kann eine Dauerlösung möglich sein. Aber selbst dann lohnt es sich, darüber nachzudenken, ob der Arbeitsplatz nicht doch wertvolle Anbaufläche blockiert.

## Hängeborde im Anlehngewächshaus

Anlehngewächshäuser sind vor allem auf kleinen Flächen gut geeignet (S. 22). Zahlreiche Sämlinge und Stecklinge finden im Winter und Frühjahr auf den Hängeborden Platz. Ende Mai können die Böden entfernt oder versetzt werden, sodass Stabtomaten, Gurken, Paprika und andere höhere Pflanzen Platz haben. Im Herbst können die Böden dann wieder montiert werden.

**Die Hängeborde** in Anlehngewächshäusern können in der Höhe verstellt und abgebaut werden (oben). Sie lassen sich ganzjährig für die Anzucht nutzen oder bieten Sukkulenten, Kräutern, Zwerg-Chili und anderen niedrigen Pflanzen Platz (oben rechts). Oder man entfernt sie, um größere Pflanzen wie Stab-Fleischtomaten zu ziehen (rechts).

# Das Gewächshaus instand halten

Ist das Gewächshaus aufgestellt, ist es sinnvoll, es regelmäßig zu pflegen. Die Bedingungen im Haus haben einen Einfluss auf die Pflanzen und können darüber entscheiden, ob sie gesund und kräftig wachsen.

Das Reinigen der Glasscheiben von innen und außen hält Schädlinge fern und verbessert die Lichtdurchlässigkeit.

Höchstwahrscheinlich werden Sie Ihr Gewächshaus täglich betreten, um die Belüftung und Türen zu öffnen und Regale und Wege zu nutzen. Das Gewächshaus sauber zu halten, unnötige Gefahren zu vermeiden und technische Elemente regelmäßig zu pflegen verlängert das Leben des Gewächshauses. Das Vermeiden von Schäden an Rahmen und Glasscheiben erspart teure Reparaturen und sorgt für beste Bedingungen für die Pflanzen.

## Sauberkeit

Sauberkeit sollte oberste Priorität haben. Eine schlechte Hygiene kann zahlreiche Probleme verursachen – insbesondere das Ausbreiten von Schädlingen und Krankheiten. Vorbeugen ist besser als Heilen – daher ist es sinnvoll, die Pflanzen vorsorglich mit einem biologischen Mittel zu spritzen (S. 123), durch Düngen zu kräftigen (S. 82) und das Gewächshaus innen und außen sauber zu halten.

Pollen, Laub und Staub lagern sich auf den Glasflächen ab und werden durch den Regen in die Dachrinnen gespült. Durch die Pflanzenreste und das langsamer abfließende Regenwasser entstehen optimale Bedingungen für Moos und Unkräuter. Deshalb sollte man Laub und Moos aus den

Rinnen entfernen. Dann kann das Regenwasser frei durch die Fallrohre in die Sammelbehälter fließen. Gleichzeitig wird das Wasser vom Haus weggeführt, sodass dort keine Pflanzen keimen, die mit ihren Wurzeln das Haus beschädigen könnten.

Im Winter sollte das Glas sauber gehalten werden, damit möglichst viel Licht ins Haus gelangt. So verhindert man, dass die Pflanzentriebe lang und weich werden. Bei dieser Gelegenheit kann auch Moos entfernt werden, das sich zwischen den Glasscheiben ansiedelt. So ist das Gewächshaus bestens für das Frühjahr und die nächste Anbausaison gerüstet.

## Die Technik instand halten

Türen und Lüftungselemente werden fast täglich benutzt und sollten gepflegt werden, damit sie beweglich bleiben und nicht kaputt gehen. Die Laufschienen der Schiebetüren müssen regelmäßig mit Fett oder einem Schmierspray behandelt werden. Das schützt den Gewächshausrahmen und verhindert Reibung, die dazu führen könnte, dass die Glasscheiben unter Spannung geraten und brechen. Sammelt sich Erde, Laub oder Kies in den Laufschienen der Tür, sollte dies entfernt werden, damit die Türen weiterhin beweglich bleiben. Damit Belüftungselemente und andere bewegliche Teile nicht verkanten, sollten auch sie immer sauber und gut geölt sein.

**Zum Instandhalten** werden die Führungsschienen der Schiebetüren geölt, altes Laub aus den Dachrinnen und Moos zwischen den Glasscheiben entfernt.

## Das Gewächshaus sauber halten

- Verschüttete Erde vom Boden fegen.
- Unkräuter können Schädlingen Unterschlupf bieten, daher möglichst entfernen.
- Töpfe und Schalen nach jedem Gebrauch reinigen und erst stapeln, wenn sie vollständig trocken sind.
- Abgestorbene oder welke Blätter und Blüten mehrmals wöchentlich entfernen. Durch sie können sich Pilzkrankheiten und Schädlinge ausbreiten.
- Die Glasscheiben regelmäßig reinigen, damit sie möglichst viel Licht hindurchlassen. Vor allem nach den Sommerkulturen, die meist recht hoch sind, ist es wichtig, das Haus von Pflanzenresten zu befreien. In ihnen könnten sich Schädlinge verstecken.
- Damit sich keine Viren ausbreiten, sollten Scheren nach dem Schneiden jeder Pflanze desinfiziert werden.
- Unordentliche Ecken bieten Schnecken einen idealen Unterschlupf. Durch Sauberhalten des Gewächshauses erspart man sich, dass sie an den Pflanzen fressen und so für großen Frust sorgen.
- Mindestens einmal pro Jahr sollten Gewächshäuser innen und außen gereinigt werden.

# Töpfe, Aussaatschalen und Grundausstattung

**In einem Gewächshaus zieht man Pflanzen auf und genießt den Ort und die Arbeit, die man dort tut. Verschwenden Sie daher keine Zeit damit, umherzulaufen und alle Utensilien zusammenzusuchen. Wenn Sie sich schon vorher alles bereitlegen, können Sie sich anschließend voll und ganz in den Anbau der Pflanzen vertiefen.**

## Die Grundausstattung

Auf den folgenden Seiten finden Sie eine umfassende Liste der wichtigsten Utensilien fürs Gärtnern im Gewächshaus.

### Multitopfplatten und Saatkisten

Multitopfplatten eignen sich zum Ziehen verschiedener Pflanzenarten gleichzeitig, denn jedes Pflänzchen sitzt in einem eigenen Topf. Sie sind besonders praktisch, wenn von jeder Pflanzenart nur wenige Exemplare benötigt werden.

Für Pflanzen, die tiefe Wurzeln bilden, gibt es spezielle Topfplatten, Root Trainer genannt. Diese Pflanzen vertragen Störungen der Wurzel nicht gut und stehen mehrere Monate statt einiger Wochen in den Töpfen. Beispiele sind Baumsämlinge, Wicken, Dicke Bohnen und einjährige Doldenblütler wie *Ammi majus*.

Saatkisten sind flache Kunststoffschalen, in denen man eine große Zahl von Sämlingen gleichzeitig ziehen kann. Sie lassen sich unterteilen, indem man Stäbe waagerecht in die Erde drückt. Ich bevorzuge es jedoch, jede Pflanzenart in einer eigenen Schale oder – bei kleineren Mengen – in einem Topf auszusäen.

Aussaatschalen sind Gefäße, die breiter als tief sind, aber tiefer als Saatkisten. Aussaatschalen bieten mehr Platz für Sämlinge, gleichzeitig können die Pflanzen durch die zusätzliche Tiefe darin kräftige, lange und verzweigte Wurzeln bilden. Auch das gleichmäßige Feuchthalten der Erde und der Temperatur ist darin einfacher möglich.

### Untersetzer für Saatkisten

Aussaaten wässert man möglichst mithilfe eines Untersetzers von unten. So wird die Erde sanft befeuchtet, ohne dass die Sämlinge gestört werden. Außerdem bleiben die Blätter trocken, was das Auftreten der Umfallkrankheit verhindert. Jeder wasserdichte Untersetzer, in den die Saatkiste passt, ist geeignet. Er sollte flacher sein als die Saatkiste, damit das Wasser nicht auf die Erde fließen kann. Je nachdem wie trocken die Erde ist, ist das Wasser nach etwa einer halben Stunde aufgesaugt.

### Blumentöpfe und Kübel

Am besten ist es, Töpfe in verschiedenen Größen ab 7 cm Durchmesser zu haben. So ist man für alle Stadien der Anzucht gewappnet. Je größer die Pflanzen werden, desto mehr Platz benötigen sie für ihre Wurzeln. Es gilt einen guten Mittelweg zu finden zwischen einem Topf, der den Wurzeln Platz bietet und nicht zu schnell austrocknet, aber auch nicht zu groß ist.

Ton-, aber auch Kunststofftöpfe haben verschiedene Vor- und Nachteile, die es abzuwägen gilt (s. Tabelle nächste Seite).

**Zur Grundausstattung fürs Gewächshaus** gehören Töpfe, Saatkisten, Gießkannen, Pflanzetiketten und -stäbe, Scheren, ein Sieb und Erdstempel.

### Thermometer

Vor allem im Winter und Vorfrühling kann es überraschend zu kalten Nächten kommen und ein Min-Max-Thermometer gehört unbedingt zur Grundausstattung. Es lohnt sich, darauf zu achten, wie kalt es im Gewächshaus nachts wird, und dies aufzuschreiben. So können die Isolierung und die Heizung im Winter angepasst werden. Auch im Sommer ist es wichtig zu prüfen, wie hoch die Temperaturen klettern, um entsprechend zu beschatten und zu lüften.

### Minigewächshaus mit Heizung

In einem Minigewächshaus mit Heizung kann früher ausgesät werden. Chili, Tomaten, Auberginen und andere Pflanzen, die hohe Keimtemperaturen benötigen, keimen darin schneller. Die Wärme von unten bewirkt, dass die Keimlinge schneller durch die Erde treiben. Die erhöhte Luftfeuchtigkeit, die durch den Deckel entsteht, sorgt für höhere und gleichmäßigere Feuchte, was ebenfalls die Keimung fördert. Wärme und Luftfeuchtigkeit sind auch für das Bewurzeln von Stecklingen von Vorteil. Sie bilden schneller Wurzeln und trocknen nicht so leicht aus.

## Ton – vs. Kunststofftöpfe

**Bei der Auswahl der Töpfe und Kübel spielen Geldbeutel, Geschmack, Mobilität und Nachhaltigkeit eine Rolle.**

### Ton

**Vorteile** Tontöpfe sind schön und wiederverwendbar. Das Material lässt Luft und Wasser durch, was für Gasaustausch sorgt und das Wurzelwachstum begünstigt.
**Nachteile** Sie sind schwer und die Pflanzen trocknen schneller aus als im Kunststofftopf. Für die Aussaat sind sie daher nicht geeignet.

### Kunststoff

**Vorteile** Kunststofftöpfe können mehrmals wiederverwendet werden. Sie sind leichter und günstiger als Tontöpfe und oft bekommt man sie gebraucht.
**Nachteile** Sie sehen nicht so schön aus wie Töpfe aus Ton und sind nicht biologisch abbaubar. Sie sollten mehrere Male verwendet und anschließend dem Recycling zugeführt werden.

### Torffreie Blumenerde
Über die Produktivität und Struktur von torffreier Blumenerde im Vergleich zu herkömmlicher Blumenerde wird viel diskutiert. Aus Umweltgründen ist torffreie Erde jedoch vorzuziehen. Die meisten torffreien Erden sind für den Großteil der Pflanzenarten geeignet. Ihre Qualität und Zusammensetzung ist jedoch sehr unterschiedlich. Für die Anzucht sollten speziell dafür gemischte Erden verwendet werden. Mit regelmäßigem Umtopfen und Düngen wachsen die Pflanzen kontinuierlich. Gröbere Erdmischungen eignen sich für größere Pflanzen und solche, die für die Multitopfplatten zu groß geworden sind. Generell ist es besser, frische Erde zu verwenden, statt sie lange zu lagern. Erdmischungen mit besonders groben Anteilen kann man durch Sieben feiner machen.

### Erdsieb
Mit einem Erdsieb können grobe Partikel aus der Blumenerde entfernt werden. Feine Samen deckt man mit gesiebter Erde ab. Sie keimen dann besser.

### Vermiculit, Perlit und Kies
Perlit ist ein aufgeblähtes Silikat. Es verbessert die Durchlässigkeit der Blumenerde für Wasser sowie die Fähigkeit, dieses zu speichern, vergrößert das Porenvolumen, enthält jedoch keine Nährstoffe und ist somit besonders gut für Wurzelstecklinge geeignet.

Vermiculit ist ein natürlich vorkommendes Mineral. Es hält Feuchtigkeit im Boden und sorgt für Luftaustausch, wenn man nach dem Aussäen die Erde damit abdeckt.

Kies macht Erdmischungen schwerer und wasserdurchlässiger. Er eignet sich besonders für Kakteen und Sukkulenten. Das Abdecken der Erde mit Kies hält Wärme und Feuchtigkeit im Boden. Bei der Aussaat von Pflanzen, die länger zum Keimen brauchen, verhindert Kies, dass sich Unkräuter ansiedeln.

### Etiketten, Bleistift oder Kugelschreiber
Auch wenn Sie meinen, Sie könnten sich merken, was Sie ausgesät oder vermehrt haben, verspreche ich, dass Sie es schnell vergessen werden. Besser ist es, Pflanzennamen und das Aussaatdatum zu notieren. Das hilft zu prüfen, ob die Arbeit erfolgreich war.

### Gießkannen
Praktisch ist es, mehrere Kannen in verschiedenen Größen zu haben: kleine für die Jungpflanzen und mehrere 10-l-Kannen, wovon eine für Flüssigdünger und eine für Regenwasser reserviert werden sollte.

### Tonscherben für die Abflusslöcher
Damit in großen Tontöpfen die Erde nicht aus dem Abzugsloch gespült wird, schichtet man einige Terrakottascherben über das Loch. So wird die Erde im Topf gehalten, während gleichzeitig Wasser abfließen kann.

### Holzspieße zum Vereinzeln
Schaschlikspieße aus Holz oder Pikierstäbe sind praktisch, um die zarten Sämlinge und ihre Wurzeln aus den Saatkisten in kleine Töpfe zu verpflanzen.

### Schere und Klebeband
Zum Öffnen der Samentüten und zum Verschließen, damit die Samen frisch und keimfähig bleiben.

**Zum Mischen von eigener Blumenerde** können (im Uhrzeigersinn von oben links) torffreie Erde, Vermiculit, ein Perlit-Kompost-Mix und Kies verwendet werden.

### Reinigungsutensilien

Kehrblech und Handfeger, Stuben- und Stallbesen und eine Mülltonne sind unverzichtbare Helfer für das Sauberhalten von Tischen, Glasscheiben und Boden.

### Erdstempel

Sieht aus wie ein großer Stempel und besteht aus einer Holzplatte in Form und Größe der Anzuchtgefäße und einem Griff. Vor dem Aussäen drückt man mit der Holzplatte die Erde gleichmäßig glatt. Danach nutzt man ihn, um guten Kontakt zwischen Samen und Erde herzustellen.

### Sprühflasche

Zum Besprühen der Pflanzen mit Mitteln zur Vorbeugung von Schädlingen und Krankheiten.

**Regelmäßiges Reinigen von Töpfen** und Schalen hält Schädlinge und Krankheiten fern und die Pflanzen gesund.

## Nachhaltig gärtnern

- Plastiketiketten mit Alkohol und warmer Seifenlauge reinigen und wiederverwenden.
- Ton- und Kunststofftöpfe und Kisten zum Wiederverwenden mit warmer Seifenlauge waschen. Das schützt vor Pilzkrankheiten und Schädlingen.
- Benutzte Aussaaterde in größere Töpfe oder Beete mischen.
- Nur so viel aussäen, wie gebraucht wird.
- Torffrei gärtnern. Torfmoore sind lebende Kohlenstoffsenken, Lebensräume und Hochwasserschutz. Mit torffreier Blumenerde können Gärtner zum Klimaschutz beitragen.
- Zum Anbinden von Pflanzen Juteschnur verwenden.
- Das Gewächshaus nur im Winter beheizen. Weiche, verwöhnte Pflanzen sind anfällig für Schädlinge und Kälte.
- Regenwasser sammeln und zum Gießen verwenden. Nur Aussaaten sollten mit Leitungswasser gegossen werden, da es weniger für die Pflanzen eventuell schädliche Bakterien enthält.
- Das Verwenden von biologisch abbaubaren Töpfen beim Umtopfen oder Auspflanzen ins Beet spart Zeit und Plastik. Damit die Töpfe gut verrotten, müssen sie beim Einpflanzen feucht sein.

**Etiketten lassen sich wiederverwenden,** wenn man die Beschriftung mit Reinigungsalkohol löst und anschließend mit Seifenlauge und Lappen abwischt.

# Das Gewächshaus heizen

**In den kalten, dunklen Monaten wachsen Pflanzen langsam und erholen sich nur schwer von Kälteschäden. Sind kalte Tage vorhergesagt, kann es sinnvoll sein, einen Teil oder das ganze Gewächshaus frostfrei zu halten. Extreme Kälte ist aber selbst für die beste Heizung eine Herausforderung. Die Wurzelballen sollten in solchen Phasen trocken gehalten werden.**

### Nachhaltig heizen

Am nachhaltigsten ist das Heizen mit erneuerbaren Energien. Mit den folgenden Tipps kann zudem energiesparend gegärtnert werden:

- Zerbrochene Scheiben reparieren oder ersetzen.
- Bereiche, die nicht beheizt werden müssen, abtrennen.
- Gewächshaus von innen mit Luftpolsterfolie isolieren.
- Pflanzen bei Bedarf mit Vlies abdecken.
- Türen und Fenster gut einpassen und dicht halten.

### Mit Strom

Am effektivsten hält man ein Gewächshaus mit einer Elektroheizung mit Thermostat warm. Der Einbau ist jedoch teuer und nicht in jedem Gewächshaus möglich. Damit sie vor Wasser geschützt sind, sollten elektrische Anschlüsse in Hüfthöhe angebracht werden. Es gibt Elektroheizungen mit unterschiedlicher Leistung. Der Gewächshaushersteller kann beraten, welche Leistung notwendig ist, um das eigene Gewächshaus frostfrei zu halten.

## Mit Petroleum

Petroleumöfen sind eine bewegliche und flexible Lösung für alle, die keine Leitungen bis ins Haus oder die Garage verlegen wollen. Sobald Frost angesagt ist, stellt man den Petroleumofen abends an und löscht die Flammen morgens wieder, oder sobald es wärmer geworden ist.

**01**
Die Tanks einige Stunden vor dem Heizen mit Petroleum füllen, damit sich die Dochte vollsaugen. Den Docht so weit herausragen lassen, dass eine kleine Flamme entsteht. Er wird mit Streichhölzern angezündet.

**02**
Die Flamme durch das Einstellen des Dochtes regulieren. Es sollte kein Rauch entstehen. Unter normalen Bedingungen reicht eine kleine Flamme aus.

**03**
Die Abdeckung auf die Flammen stecken. Dabei die Hände mit Handschuhen schützen.

# Kerzenheizung mit Tontopf

Kleinere Gewächshäuser oder Anlehngewächshäuser können mit der Wärme von Kerzen nachhaltig frostfrei gehalten werden.

**01**
Drei bis vier Backsteine so aufstellen, dass mittig Platz für die Kerze ist. Die Kerze in die Mitte stellen und anzünden.

**02**
Einen kleinen Tontopf so über die Kerze stellen, dass Luft an die Flamme kommt und die Kerze brennen kann.

**03**
Das Abzugsloch des ersten Topfes mit einer Tonscheibe oder einem Tonuntersetzer abdecken.

**04**
Einen etwas größeren Topf so über den kleineren stellen, dass weiterhin Luft zwischen den Töpfen hindurchziehen kann.

**05**
Der kleinere Topf heizt sich auf und leitet die Wärme an den äußeren Topf weiter. Die Kerze morgens oder wenn die Temperatur über den Nullpunkt klettert, löschen.

# Isolieren und schattieren

**Im Gewächshaus wollen wir Bedingungen schaffen, die für gesunden und üppigen Wuchs sorgen. Das Ziel ist es, zu vermeiden, dass es im Winter zu kalt und im Sommer zu warm wird.**

Unterschiedliche Pflanzenarten brauchen für ein gesundes Wachstum unterschiedliche Temperaturen. Im Winter kann Frost nicht winterharte Pflanzen schädigen. Im Sommer kann es im Gewächshaus so warm werden, dass das Gärtnern mühsam ist und die Pflanzen verbrennen oder vertrocknen. Durch Isolieren und Schattieren können diese Effekte jedoch abgemildert werden.

## Isolieren

Durch das Auskleiden des Gewächshausinneren mit Luftpolsterfolie vor den ersten Frösten (meist Oktober oder November) wird kalte Luft ferngehalten und die Wärme bleibt im Haus. Die Folien können mit speziellen Klemmen am Rahmen befestigt werden. Schon dadurch wird die Temperatur um einige Grade angehoben. Durch das zusätzliche Isolieren und indem man die Pflanzen im Winter trocken hält, haben sie beste Chancen, gesund ins Frühjahr zu starten.

In unterteilten Gewächshäusern (S. 46) kann es ausreichen, nur einen Bereich zu isolieren. Eine weitere Möglichkeit ist es, das Haus nach oben abzuschirmen. Da Wärme nach oben steigt und durch das Dach entweichen würde, sorgt eine unter dem Giebel gespannte Folie dafür, dass die warme Luft im Haus bleibt. Gleichzeitig verringert sich so die Luftmenge, die beheizt werden muss, und es muss weniger zusätzlich geheizt werden.

**Luftpolsterfolie** isoliert das Gewächshaus. Mit dem Thermometer kann man die Temperaturen kontrollieren und vorsorgen, falls sie unter den Nullpunkt fallen.

Allerdings gelangt durch die Luftpolsterfolie etwas weniger Licht ins Haus. Im Spätfrühling steigen die Temperaturen und die Pflanzen brauchen weniger Kälteschutz, aber so viel Licht wie möglich. Dann sollte die Folie entfernt werden, sonst bilden die Pflanzen lange weiche Triebe. Ist die Folie trocken und gesäubert, kann man sie einlagern und im Herbst erneut verwenden.

## Schattieren

Im Sommer verhindert das Schattieren, dass es im Haus zu warm und trocken wird und die Pflanzen schlecht wachsen oder sich Schädlinge ansiedeln.

- **Schattierfarbe** wird außen auf das Haus gestrichen. Sie reflektiert die Wärme und das Sonnenlicht, wodurch die Temperaturen im Inneren des Hauses weniger stark steigen. Manche Produkte halten nicht den ganzen Sommer über und müssen nachgestrichen werden. Ist die Farbschicht dick, kommt zu wenig Licht ins Gewächshaus. Es ist daher sinnvoll, den Anstrich den jahreszeitlichen Lichtverhältnissen anzupassen. Am Ende des Sommers wird die Farbe abgewaschen.
- **Schattiernetze** lassen sich in Gewächshäusern verschiedener Bauweise und Größe einsetzen. Man bringt sie am besten an der Außenseite des Hauses an, wo sie den gleichen Effekt haben wie Schattierfarbe. Das Anbringen und Entfernen ist aber weniger aufwendig.
- **Schattierungsvorhänge** sind am ästhetischsten, werden aber im Inneren des Hauses angebracht und verhindern daher nicht, dass die Sonnenstrahlen hineingelangen. Der Kühlungseffekt ist nicht so groß wie bei außen angebrachten Netzen.

Der Standort des Gewächshauses im Garten beeinflusst die Lichtverhältnisse im Haus. Das Wichtigste ist das Schattieren des Daches und der Seite, die von der Sonne am stärksten getroffen wird. Wird es im Sommer dann heißer, kann es sinnvoll sein, das ganze Haus zu schattieren und so die Temperatur im Inneren angenehm zu halten. Es kann aber auch notwendig werden, das Netz oder die Farbe zu entfernen, denn Sommer können unterschiedlich warm sein, was dazu führt, dass die Pflanzen, um gesund zu bleiben, mehr oder weniger Schutz benötigen.

**Schattieren** reicht nicht aus, um die Pflanzen vor Hitze zu schützen. Genauso wichtig sind entsprechendes Gießen (S. 112) und Lüften (S. 47).

**Schattiernetze** kann man passend für den Gewächshaustyp kaufen oder ein Universalnetz selbst zuschneiden.

# Basiswissen

# Entscheidende Faktoren

**Beim Gärtnern unter Glas hängt das gute Wachstum der Pflanzen davon ab, wie die Wachstumsfaktoren Licht, Temperatur und Belüftung gesteuert werden.**

Um das Beste aus unseren Pflanzen herauszuholen, schaffen wir im Gewächshaus eine künstliche Umgebung. Die Pflanzen reagieren sehr direkt auf die herrschenden Bedingungen und auf jede Veränderung, die wir vornehmen.

## Licht

Es ist unbedingt notwendig, die Abdeckung des Gewächshauses so lichtdurchlässig wie möglich zu halten. Sind die Scheiben dreckig, bekommen die Pflanzen weniger Licht. Sie werden weich und bilden Geiltriebe. Im Sommer kann das Licht dagegen zu intensiv sein und die Blätter verbrennen. Dann muss dafür gesorgt werden, dass weniger Licht ins Haus gelangt und die Pflanzen nicht so viel Stress haben. Das Schattieren mit Netzen oder Farbe (S. 66) sorgt in dieser Zeit für angenehmere Verhältnisse.

## Wasser

Ohne Gießen ist das Gärtnern im Gewächshaus nicht möglich, denn die Pflanzen dort haben keinen Zugang zu Regen. Auf den sich im Jahresverlauf veränderten Wasserbedarf der Pflanzen zu reagieren ist eine Kunst, in die man mit der Zeit hineinwächst. Wird die Erde in den kühlen Monaten sehr feucht gehalten, kann das Wurzelfäule und andere Krankheiten begünstigen. Stehen die Pflanzen im Sommer trocken, welken sie (S. 112).

Meist braucht man im Gewächshaus zu den Zeiten viel von der wertvollen Ressource Wasser, in denen es wenig regnet. Es ist daher sinnvoll, in regenreichen Zeiten so viel Wasser wie möglich zu sammeln und zu speichern. Auf S. 110 werden die unterschiedlichen Möglichkeiten mit Tonnen und Becken vorgestellt.

**Für das Gießen** ist Gefühl wichtig, denn die unterschiedlichen Arten haben übers Jahr unterschiedliche Ansprüche.

**Ein Gewächshaus** braucht unterschiedliche Belüftungsmöglichkeiten (links) und für den Winter eine Wärmequelle (oben).

## Temperatur

Die meisten Gärtner stehen vor dem Problem, dass es im Gewächshaus im Winter hell, aber kalt und im Sommer sehr heiß ist. Dem kann man entgegensteuern, indem man die jeweils zur Jahreszeit passenden Pflanzen anbaut. Ist es hell und kühl, können Überwinterungspflanzen, Wintersalate, Kräuter, aber auch Frühlings-Zwiebelpflanzen und Schnittblumen dort stehen. Im Sommer kommen dann tropische Pflanzen und wärmeliebende Kulturen wie Tomaten, Gurken und Paprika ins Haus.

## Belüftung

Ein sanfter, gleichmäßiger Luftstrom um die Pflanzen sorgt für gesunden Wuchs, verhindert Schädlinge und Krankheiten und hilft bei der Bestäubung. Es ist Übungssache, die Belüftung an die Verhältnisse im und um das Gewächshaus richtig zu regulieren. Kühle Zugluft im Winter kann empfindliche Pflanzen schädigen. Im Sommer kann es genauso schädlich sein, zu wenig zu lüften, denn dann wird es im Haus noch heißer und trockener. Auf S. 44 ist genauer beschrieben, wie beim Belüften vorgegangen werden sollte.

## Zu viele Pflanzen

Eine der Schwierigkeiten beim Gärtnern im Gewächshaus ist es, vor lauter Eifer das Haus nicht mit zu vielen Pflanzen vollzustellen. Die meisten Pflanzen brauchen ein bestimmtes Maß an Licht. Stehen sie zu eng, wachsen sie schlecht. Außerdem benötigen verschiedene Pflanzenarten verschiedene Bedingungen. Einige brauchen mehr Licht oder höhere Temperaturen als andere. Manche mögen es trocken, andere feucht.

Alles gleichzeitig zu wollen funktioniert nicht. Es heißt, realistisch zu bleiben: In einem kleinen Gewächshaus kann man Geranien, Farne, Orchideen, Begonien, Gurken, Tomaten und Melonen nicht zugleich kultivieren. Tomaten zum Beispiel mögen es warm, hell und trocken, Gurken dagegen feucht und etwas lichtgeschützt. Eine Möglichkeit ist es, Pflanzenarten mit ähnlichen Ansprüchen gemeinsam anzubauen. Oder man unterteilt das Gewächshaus in verschiedene Bereiche (S. 46).

# Dauerhafte vs. mobile Bepflanzung

Eine Schlüsselfrage bei der Gewächshausplanung ist, ob dort Pflanzen dauerhaft in den Boden gesetzt werden oder mobil in Gefäßen stehen sollen.

**In einem Mix** aus Töpfen und Hochbeeten können ganz verschiedene Pflanzen wachsen.

Jeder Gärtner hat Lieblingspflanzen, die er jedes Jahr anbauen möchte. Es ist aber auch von unschätzbarem Wert, im Anbau flexibel sein zu können. Es macht Spaß, neue Kombinationen auszuprobieren und jedes Jahr unterschiedliche Pflanzen anzubauen. Und auch wenn das Gärtnern in dauerhaft angelegten Beeten weniger Arbeit zu machen scheint, kann es für Verdruss sorgen, denn die Gestaltung ist statisch und Schädlinge können zur Plage werden. Sofern Platz und Budget es zulassen, kann man beide Methoden kombinieren.

## Mobile Bepflanzung

Bei einer temporären Bepflanzung von mobilen Pflanzgefäßen mit einjährigen Nutz- und Zierpflanzen verändert sich der Anbau übers Jahr. Im Spätwinter und Vorfrühling wird das Gewächshaus intensiv genutzt. Auf allen Tischen und Regalen und auf dem Boden stehen Sämlinge und Jungpflanzen. In den Hochbeeten stehen Schnittblumen und Salatsorten, die wenig Sonne und Wärme benötigen. Sie machen im Sommer Tomaten und Gurken Platz.

Manche Pflanzenarten baut man einmal an und beschließt dann, dies nicht zu wiederholen. Wir alle machen Fehler und diese wirken sich in den besonderen Bedingungen, die im Gewächshaus herrschen, besonders schnell aus. Mit mobilen Pflanzgefäßen kann man auf den Erfolgen aufbauen und das Wiederholen von Fehlern in Zukunft vermeiden.

Pflanzen im Kübel bleiben kleiner als solche im Beet. Ihre Mobilität wirkt sich aber positiv auf ihre Gesundheit aus. Da chemischer Pflanzenschutz möglichst vermieden werden soll, ist es sehr praktisch, wenn man Pflanzen mit Schädlingsbefall einfach aus dem Gewächshaus räumen kann. Durch das regelmäßige Austauschen der Erde im Gefäß werden bodenbürtige Schädlinge entfernt. Und durch das Kompostieren von einjährigen Pflanzen wie Tomaten, Chili und Auberginen werden Schädlinge entsorgt, die an Trieben und Blättern sitzen. Die Folgepflanzen wachsen dann in einer gesünderen Umgebung.

## Dauerhafte Bepflanzung

Eine dauerhafte Bepflanzung braucht viel Zeit für das Anlegen und Pflegen, aber die Menge an Früchten und Blüten, die wir ernten können, macht das wieder wett. Denn eine größere Pflanze, die zum Beispiel in einem Beet im Gewächshaus steht, bringt mehr Ertrag. Feigen, Trauben und Steinobst können im Gewächshaus gezogen werden, wo sie mit den Jahren zu wunderschönen Pflanzen werden.

Die Mehrheit der Gärtner gärtnert jedoch in eher bescheidenen Gewächshäusern und sollte gut überlegen, ob eine dauerhafte Bepflanzung sinnvoll ist, denn Obstbäume und Weinreben benötigen viel Platz. Was überwinternde Schädlinge angeht, muss man bei einer dauerhaften Bepflanzung viel wachsamer sein. Sie können sich über die Jahre ausbreiten und Pflanzen, die man schon lange Zeit hat, schwächen, bis sie ganz eingehen.

## Mobil oder dauerhaft?

| | Mobile Bepflanzung | Dauerhafte Bepflanzung |
|---|---|---|
| Vorteile | Größere Flexibilität | Größere Pflanzen können angebaut werden |
| | Größere Pflanzenauswahl | Pflanzen bringen einen höheren Ertrag an Früchten oder Blüten |
| | Schädlinge können leicht aus dem Gewächshaus entfernt werden | |
| | Fehler können leichter ausgeglichen werden | |
| Nachteile | Eventuell schwächere Pflanzen | Braucht mehr Platz |
| | Pflanzen brauchen mehr Pflege | Regelmäßige Schädlingskontrolle |

# Gärtnern in Bodenbeeten

**Wenn der Bodenbelag und die Form des Gewächshauses sowie die Qualität der Erde es zulassen, ist es möglich, direkt in den Bodenbeeten zu gärtnern.**

Bei der Entscheidung, ob oder ob nicht in Bodenbeeten gegärtnert werden soll, sind verschiedene Vor- und Nachteile einzubeziehen. Pflanzen verhalten sich in gewachsenem Boden anders als in Gefäßen. Auch die Pflege unterscheidet sich. Hinsichtlich der Bodenqualität kann es auf Versuch und Irrtum hinauslaufen, herauszufinden, was funktioniert. Doch gute Anbaumethoden sichern eine gute Ernte.

**In Bodenbeeten** werden die Wurzeln länger und die Feuchtigkeit ist ausgeglichen. Die Pflanzen werden kräftiger.

## Vor- und Nachteile

**Pro**

- Es müssen keine großen Erdmengen bewegt und in Gefäße gefüllt werden.
- Ausgeglichenere Bodentemperaturen als in Gefäßen.
- Größere Pflanzen dank tieferer Wurzeln.
- Durch Mulchen bessere Wasserspeicherfähigkeit als in Töpfen.

**Kontra**

- Verdichtung und Staunässe können entstehen.
- Der Boden kann mit der Zeit an Qualität verlieren und erschöpft sein.
- Bodenbürtige Schädlinge und Krankheiten reichern sich an.
- Begrenzter Wurzelraum kann die Fruchtbildung anregen, während Pflanzen mit großem Wurzelwerk eventuell weniger blühen.

**Organischer Mulch** verbessert Fruchtbarkeit und Wasserspeicherfähigkeit (links). Vom Weg aus arbeiten verhindert Bodenverdichtung (oben).

## Den Boden gesund halten

Der Boden in Gewächshausbeeten ist im Sommer extrem hohen Temperaturen ausgesetzt. Ist die Aktivität des Bodenlebens durch Hitze und Trockenheit eingeschränkt, kann dies sterilisierend wirken. Dem Boden wird viel abverlangt, damit die Pflanzen kräftig bleiben und Früchte, Blüten oder beides bilden. Er ist ein lebendiger, atmender Teil unseres Gewächshauses, der gepflegt und versorgt werden muss.

Damit der Boden luftdurchlässig bleibt, sollte er möglichst wenig verdichtet und regelmäßig mit einer Grabe- oder Handgabel aufgelockert werden. Auch hilft es, die Beete nur vom Weg oder von Trittplatten aus zu bearbeiten.

Der Boden liefert die Nährstoffe, die Pflanzen für ihr Wachstum benötigen. Um seine Fruchtbarkeit zu erhalten, sollte zwischen jeder Pflanzung oder nach der Ernte organisches Material ausgebracht werden. Dafür kann reifer Kompost oder Mist als Mulch ausgebracht oder 15 cm tief in den Boden eingearbeitet werden. Bei Gewächshausböden empfehle ich, vor jeder Pflanzung beides zu tun. Blumenerde aus dem Sack enthält nur wenige Nährstoffe. Besser geeignet ist reifer Kompost oder Grünabfall vom lokalen Kompostwerk oder vom Händler. Sie enthalten mehr für Pflanzen wichtige Nährstoffe.

Der Boden sollte feucht, aber nicht nass gehalten werden, um anaerobe Bedingungen zu verhindern. Diese würden die biologischen und pilzlichen Aktivitäten verhindern. Regelmäßiges Befeuchten des Gewächshausbodens ist ein wichtiger Teil, um ihn gesund zu halten.

## Mulch und Unkraut

Das Mulchen hat im Gewächshaus dieselben positiven Effekte wie im Garten. Dabei wird der Boden mit einer 5–10 cm dicken Schicht organischen Materials abgedeckt. Das hält Licht ab und schwächt die Unkrautsamen. Außerdem werden Nährstoffe frei, wenn das organische Material nach und nach zersetzt wird. Feuchtigkeit wird im Boden gespeichert und verdunstet nicht.

Vor dem Mulchen sollte der Gewächshausboden feucht und frei von Unkräutern sein. Trockenen Boden zu mulchen hat den gegenteiligen Effekt: Es hält die Feuchtigkeit ab und die Wurzelzone kann sich schlechter vollsaugen. Zu frischer Kompost oder Mist ist nicht geeignet, denn er kann die Pflanzen verbrennen und Stickstoff festlegen, weil er benötigt wird, um das frische Mulchmaterial zu zersetzen. In der Folge steht er den Pflanzen nicht mehr zur Verfügung. Es kommt zu Stickstoffmangel.

# Gärtnern in Gefäßen

**Mit Pflanzen in Gefäßen wird das Gewächshaus flexibel nutzbar. Durch das Regulieren von Bodenfeuchtigkeit, Nährstoffversorgung und Drainage verändert sich der Pflanzenwuchs. Und es kann sehr praktisch sein, die Pflanzen immer wieder umstellen zu können.**

Mit Pflanzgefäßen können wir im Gewächshaus saisonal wechselnd verschiedene Pflanzen kultivieren. Durch Düngen und häufigeres Gießen kann das Wachstum der Pflanzen im Spätfrühling und Frühsommer gefördert, im Winter dagegen durch Her-

## Vor- und Nachteile

**Pro**

- Erde, Dünger und Feuchtigkeit können besser kontrolliert werden als im Boden.
- Durch kleinere Gefäße kann die Blüte gefördert oder das Wachstum verlangsamt werden.
- Flexibilität, so können Zitruspflanzen im Sommer in den Garten gesetzt und im Winter ins Gewächshaus gestellt werden.
- Im Vorfrühling ist der Wurzelraum in Gefäßen wärmer.

**Kontra**

- Gefäße müssen öfter gegossen werden.
- Dünger kann schneller ausgewaschen werden als im Boden.
- Die Schwankungen von Bodentemperatur und -feuchtigkeit sind größer als im gewachsenen Boden.

**Eine Kombination** aus Töpfen, Pflanzsäcken und Hängekörben sorgt für höchste Flexibilität.

**Wiederverwendbare Pflanzsäcke** (oben) sind robust und nachhaltig, dafür enthalten Einmalprodukte die passende Erdmischung für eine Wachstumsphase. In beiden kann man kompakte oder kletternde Pflanzen ziehen.

unterfahren dieser Maßnahmen effektvoll gebremst werden. Von Pflanztaschen über Hängeampeln bis zu Töpfen in verschiedenen Formen und aus unterschiedlichen Materialien eignet sich nahezu jedes Gefäß mit einem Abzugsloch. Im Vergleich zum Gärtnern in Bodenbeeten haben Pflanzgefäße jedoch andere Vor- und Nachteile.

## Größe der Gefäße

Bei der Aussaat oder Stecklingsvermehrung ist es entscheidend, die Pflänzchen Schritt für Schritt in größere Töpfe zu setzen. Wenn es dann schließlich darum geht, das endgültige Gefäß zu finden, ist es wichtig, die passende Größe für die jeweilige Pflanze zu finden.

Je größer das Gefäß, desto mehr Erde fasst es und das Wurzelsystem kann tiefer wachsen. Eine große Menge Erde trocknet seltener aus und kann ein größere Pflanze versorgen. Kleinere Gefäße kann man leichter handhaben und im Gewächshaus bewegen. Sie trocknen aber schnell aus und müssen häufiger gegossen werden. Die Größe des Pflanzgefäßes sollte aber immer in einem guten Verhältnis zur Größe der Pflanze stehen. Manche kräftigen Pflanzenarten wie Gurken, Süßkartoffeln und Tomaten wachsen sehr schnell und kommen mit großen Gefäßen gut zurecht. Dagegen kann ein zu großes Gefäß für Chili- und Paprikapflanzen Stress bedeuten, da im Spätfrühling die Pflanzerde dort noch kalt ist.

Es spricht nichts dagegen, kräftig wachsende Pflanzen in kleine Töpfe zu setzen. Um gesund zu bleiben, brauchen sie dann aber mehr Wasser und Dünger. Sonst kann es durch die schwankende Bodenfeuchtigkeit bei Tomaten, Paprika und anderen kräftig wachsenden Pflanzen zu Blütenendfäule kommen. In einem großen Topf wird dies vermieden, denn die Erde darin bleibt gleichmäßig feucht.

## Arten von Pflanzgefäßen

Blumentöpfe gibt es in verschiedenen Formen und Größen, aus unterschiedlichen Materialien von Ton über Metall bis zu Kunststoff und damit für die unterschiedlichsten Verwendungszwecke. Bei der Auswahl heißt es, praktische und ästhetische Ansprüche abzuwägen. Größe und Material beeinflussen das Gewicht und wie leicht das Gefäß bewegt werden kann. Kunststoff ist leichter als Ton, dafür sieht Ton schöner aus. Auf S. 61 sind die Vor- und Nachteile der Materialien beschrieben.

In den letzten Jahren wurden häufig Pflanzsäcke für den Gewächshausanbau von Tomaten und Gurken verwendet. Manche Hersteller bieten sie inklusive torffreier Erde an. In einen Standardpflanzsack passen zwei bis drei Pflanzen. Große Erdklumpen in den Säcken sollten vor dem Bepflanzen zerkleinert werden. Neben den Einmal-Produkten gibt es Pflanzsäcke, die mehrmals verwendet werden können. Sie sind aus robustem Kunststoff und wegen ihrer Größe bleibt die Feuchtigkeit besser in der Erde gespeichert. Außer den Pflanzsäcken muss man hier natürlich noch die Blumenerde kaufen.

Blumenampeln sind sehr praktisch für den Raum unter dem Giebel des Gewächshauses. Kräuter, Erdbeeren und Hängetomaten sind bestens zum Bepflanzen der Ampeln geeignet. Man muss sich jedoch bewusst sein, dass diese Art von Gefäßen besondere Aufmerksamkeit beim Gießen verlangt, denn sie enthalten nur wenig Erde. Einige Hängekorbmodelle sind mit Kokosmatten ausgelegt, sodass Wasser schnell verdunstet.

**Mit Hängekörben** kann der Dachraum dazu genutzt werden, Blumen zu ziehen oder Erdbeeren geschützt wachsen zu lassen.

## Bringen Scherben Glück?

Ob man Tonscherben im Pflanzgefäß braucht oder nicht, wurde in den letzten Jahren viel diskutiert. Früher war es üblich, zuunterst eine Schicht Tonscherben, Styropor oder Steine in ein Pflanzgefäß zu füllen. Diese sollte das Ablaufen des Wassers ermöglichen. Da torffreie Blumenerden aber durchlässiger sind, ist dies heute nicht mehr so notwendig. Die Kritiker der Methode behaupten sogar, dass die Tonscherben Schnecken Unterschlupf bieten.

Kakteen, Sukkulenten, Zitrusfrüchte und Steinobst brauchen jedoch eine gut durchlässige Erde. Vor allem im Winter kann Staunässe ihren Wurzeln ernsthafte Schäden zufügen. Bei ihnen sorgt eine Drainageschicht aus Tonscherben am Boden des Pflanzgefäßes dafür, dass die Pflanzen gut durch den Winter kommen.

Ein Grund spricht auf jeden Fall für das Verwenden der Scherben: Viele Töpfe haben sehr große Abzugslöcher. Legt man Tonscherben oder Steine darüber, wird die Erde nicht aus dem Topf geschwemmt.

## Substrate für Pflanzgefäße

Ich ziehe Farne, Kakteen, tropische Pflanzen und viele Obst- und Gemüsearten im Gewächshaus in Töpfen mit torffreier Erde. Nutzt man die torffreie Erde als Basis für den Anbau in Töpfen, kann nicht viel schiefgehen. Für Pflanzen, bei denen es wichtig ist, dass Wasser schnell abfließt, kann etwas Kies untergemischt werden. Pflanzen, die sehr trocken stehen müssen, setzt man in eine Mischung von einem Teil Erde und einem Teil Kies.

**Eine Schicht Kies** auf der Erde unterdrückt Unkräuter und sieht schön aus.

### Düngen

Die meisten torffreien Blumenerden enthalten einen Düngevorrat, der für vier bis sechs Wochen reicht. Danach muss ergänzend gedüngt werden.

Topfpflanzen reagieren sehr schnell auf Flüssigdüngergaben. Von Mai bis Oktober sollten sie wöchentlich damit gegossen werden. Je nach Dünger zeigen sich unterschiedliche Effekte. Ein Produkt auf Algenbasis wirkt sich auf Wurzeln, Triebe und Blätter gleichmäßig aus. Ein stickstoffbetonter Flüssigdünger sorgt für kräftige Blattbildung, was gewünscht ist, wenn die Pflanze größer wird und ein stabiles Gerüst für Blüten oder Früchte bilden soll. Eine wöchentliche Gabe Kaliumdünger stärkt Blüten und Früchte und ist sinnvoll, wenn die Pflanze schon eine gewisse Größe erreicht hat.

### Abdecken

Eine Schicht Kies als Abdeckung der Blumenerde ist schön anzusehen, unterdrückt den Unkrautwuchs und verhindert das Hochspritzen von Wasser beim Gießen. Bringt man Granulatdünger aus und arbeitet diesen leicht in die oberste Erdschicht ein, sind die Pflanzen für die gesamte Saison mit Dünger versorgt. Am effektivsten ist ein Langzeitdünger, der die Pflanzen mehrere Monate versorgt. Zusätzlich kann man Flüssigdünger geben und damit den Wachstumsprozess steuern.

### Mulchen

Eine Schicht reifer Kompost oder Rindenkompost auf der Oberfläche des Pflanzgefäßes hält ebenfalls die Feuchtigkeit im Boden und unterdrückt Unkräuter. Dicker Karton ist nicht schön anzusehen, erfüllt aber denselben Zweck. Organische Mulchmaterialien zersetzen sich mit der Zeit und müssen regelmäßig ersetzt werden.

# Umtopfen

Sobald eine Pflanze heranwächst und zu groß für das aktuelle Pflanzgefäß ist, sollte sie umgetopft werden. Sie braucht dann mehr Nährstoffe und mehr Platz für die Wurzeln. Ist das Wurzelwachstum eingeschränkt, erzeugt das bei der Pflanze Stress. Ein Zeichen dafür ist eine frühzeitige Blüte. Bei Orchideen, Nerinen und Usambaraveilchen kann dies erwünscht sein. Jungpflanzen, die noch dabei sind, kräftige Triebe auszubilden, müssen jedoch regelmäßig umgetopft werden. Nur dann wachsen sie gut.

Das Umtopfen kann für die Pflanzen Stress bedeuten, denn dabei werden unter anderem Wurzeln verletzt. Genau wie beim Rückschnitt müssen diese Wunden erst verheilen, bevor dann ein neuer Austrieb der Pflanzen angeregt wird.

Der beste Zeitpunkt für das Umtopfen ist zu Beginn der aktiven Wachstumsphase, wenn neue Blätter gebildet werden. In dieser Phase strömt der Saft durch die Pflanzen, was das Verschließen der Wunden und das Wurzelwachstum fördert. Werden Pflanzen im Winter oder in der Ruhephase umgetopft, erholen sie sich schlechter von der Störung des Wurzelsystems. Die Folge können Wurzelfäule und andere Schäden an den Wurzeln sein. Da die Pflanzen in der Ruhephase kaum wachsen, müssen sie dann auch nicht umgetopft werden.

## Gefäße sauber halten

Schalen und Töpfe aus Kunststoff und Ton lassen sich immer wieder verwenden. Nach jeder Benutzung sollte man die alte Erde entfernen und sie mit einer Bürste von Schmutz befreien. Dann wäscht man sie innen und außen mit warmer Seifenlauge aus. Besonders unter dem Rand können Schädlinge sitzen. Nun sollten die Gefäße im Gewächshaus oder an einem geschützten Ort im Freien trocknen. Danach können sie gestapelt und wieder verwendet werden.

## Zeichen, dass es Zeit zum Umtopfen ist

- Schwach wachsende Pflanzen
- Wurzeln wachsen aus den Abzugslöchern des alten Topfes
- Erde neigt zum schnellen Austrocknen

**Wachsen Wurzeln** aus den Abzugslöchern, ist es Zeit die Pflanze umzutopfen.

## So wird umgetopft

So verhelfen Sie Ihren Pflanzen zu einem guten Start:

**01**
Pflanzen auf Zeichen kontrollieren, dass es Zeit zum Umtopfen ist. Dazu gehört Drehwuchs der Wurzeln oder das Herauswachsen der Wurzeln aus den Abzugslöchern am Topfboden.

**02**
Einen größeren Topf so hoch mit torffreier Blumenerde füllen, dass die Oberfläche des Wurzelballens später leicht unterhalb des Topfrandes ist.

**03**
Dicht sitzende Wurzeln voneinander lösen. So kann die Pflanze im neuen Topf besser anwachsen.

**04**
Pflanze mittig in den Topf setzen und um den Ballen Erde anfüllen.

**05**
Erde um den Wurzelballen andrücken. So werden Hohlräume geschlossen, die das Wurzelwachstum hemmen würden.

**06**
Kräftig angießen, bis die Erde gut feucht ist. Das regt die Pflanze an, den neuen Topf und die frische Erde zu durchwurzeln.

# Brennnessel- und Beinwelldünger

**Im Gewächshaus sind die Pflanzen abhängig von uns. Wir müssen sie gießen und ihnen zu den wenigen Nährstoffen im Boden zusätzliche Nahrung geben. Bei der Frage, mit welchem Dünger wir unsere Pflanzen unterstützen wollen, lohnt es sich, biologische Varianten zu wählen und eigenen Dünger herzustellen.**

Jeder Gärtner muss sich entscheiden, mit welcher Art Dünger er seinen Pflanzen zu gesundem Wuchs verhelfen und sie zu Frucht- und Blütenbildung anregen will. Synthetische Dünger werden von Menschen produziert und enthalten die Hauptnährstoffe in einer Form, die den Pflanzen direkt zur Verfügung steht. Solche anorganischen Produkte haben ihre Berechtigung. Abgesehen von den Kosten gibt es jedoch auch ethische Gründe, sie kritisch zu sehen. Hohe Nährstoffmengen im Boden können die Tierwelt schädigen. Wenn wir dagegen mit biologischen Mitteln eigenen Dünger herstellen, ist dies nachhaltiger, günstiger und besser für die Umwelt sowie für Flora und Fauna.

Selbst gemachte organische Dünger aus Brennnesseln und Beinwell machen Pflanzen gesund und ertragreich, außerdem sind sie günstig. Brennnesseln und Beinwell wachsen entweder in der Umgebung oder man baut sie auf einer nährstoffreichen Fläche im Garten selber an. Bei meinen Pflanzen zeigen sich durch den regelmäßigen Gebrauch der Dünger sehr positive Effekte und ich werde sie weiterhin mit gutem Gewissen nutzen.

**»Den eigenen Dünger herzustellen ist nachhaltig und günstig.«**

## Biologische Dünger

Beim Düngen gilt es zu überlegen, welche Hauptnährstoffe in welchen Mengen welche Effekte in unseren Pflanzen hervorrufen.

### Dünger aus Brennnesseln

Brennnesseldünger ist stickstoffreich und sorgt im Zusammenspiel mit anderen Mineralien für eine starke Blattbildung. Ein solcher Dünger ist vor allem für Pflanzen geeignet, die sich noch in der Entwicklung befinden, sowie für solche, die ein starkes Gerüst brauchen, das Blüten und Früchte tragen kann. Ich nutze Brennnesseldünger, sobald Stecklinge oder Sämlinge zum ersten Mal getopft werden, bis in den Hochsommer, wenn die Pflanzen verstärkt Früchte und Blüten bilden.

### Dünger aus Beinwell

Beinwell enthält eher mehr Kalium sowie andere Mineralien, die den Blüten- und Fruchtansatz der Pflanzen fördern. Beinwelldünger kann ab dem Hochsommer eingesetzt werden bis zum Ende der Anbausaison, wenn die einjährigen Pflanzen abgeerntet sind. Wer Beinwell lieber selbst im Garten anbauen möchte, als ihn in der Natur zu ernten, sollte gewarnt sein, dass er sich sehr fleißig selbst aussät. Doch es gibt Abhilfe: 'Bocking 14' ist eine sterile Sorte, die sich nicht selbst vermehrt und gut für Gärten geeignet ist.

## Eigenen Dünger herstellen

Es gibt viele Methoden, Brennnessel- und Beinwelldünger herzustellen. Diese Methode ist für normale Gärten geeignet. Ein Teil Dünger wird immer mit neun Teilen Wasser verdünnt. Für eine 10-l-Gießkanne braucht man also 1 l Düngerkonzentrat und 9 l Wasser. Ich empfehle, den Pflanzen diesen Dünger einmal wöchentlich zu geben.

# Anleitung

**Vorbereitung**
Eine 100-Liter-Wassertonne möglichst in der Nähe des Gewächshauses aufstellen, denn zwischen Gewächshaus und Düngertonne muss man regelmäßig hin und her laufen.

**01**
Brennnesseln oder Beinwell in einen alten Kopfkissenbezug geben. Er sollte dicht mit Pflanzenmaterial gefüllt sein. Vor allem bei Brennnesseln sind Handschuhe sinnvoll, damit man nicht verbrannt wird. Zum Beschweren des Kissenbezugs mit dem Pflanzenmaterial einen großen Stein oder einen Backstein auflegen.

**02**
Den Kissenbezug mit einem Knoten verschließen und mit einem Stück Draht unterhalb des Knotens umwickeln. Der dient dazu, das Kissen bei Bedarf aus dem Wasser ziehen zu können.

**03**
Das Kissen in die Wassertonne versenken. Der Draht muss dabei außerhalb der Tonne bleiben, damit man den Kopfkissenbezug jederzeit wieder aus dem Wasser holen kann.

01

02

03

04

**04**
Die Wassertonne mit Regenwasser füllen und die Pflanzenteile drei bis vier Wochen darin ziehen lassen. Dann kann man das Düngerkonzentrat verwenden. Ist es aufgebraucht, setzt man mit derselben Pflanzenart ein neues Konzentrat an oder stellt je nach Jahreszeit einen anderen biologischen Dünger her.

**Auf einer kleinen Fläche**
Brennnesseln wachsen zu lassen hilft bei der Düngerherstellung und ist nützlich für die Tierwelt.

# Gärtnern in Hochbeeten

Hochbeete vereinen einige der Vorteile vom Gärtnern in Gefäßen und in Bodenbeeten. Für viele Gewächshausbesitzer sind sie daher eine gute Möglichkeit, erfolgreich zu gärtnern.

**Durch das größere Volumen** bieten Hochbeete mehr Wurzelraum als normale Pflanzgefäße.

Hochbeete kann man als Bausatz kaufen oder selber bauen (S. 86). Beide lassen sich gut in mittlere bis große Gewächshäuser integrieren. Es sind ergonomische, freistehende Elemente, die man je nach Jahreszeit so aufstellen und umstellen kann, dass sie den dann wachsenden Pflanzen ein passendes Umfeld bieten.

Durch ihre Größe bieten sie den Pflanzen mehr Wurzelraum als ein normales Pflanzgefäß, außerdem bleibt ihr großes Erdvolumen gleichmäßiger feucht. Gleichzeitig kann man die Standortbedingungen besser kontrollieren als im gewachsenen Boden, denn die Erde kann auf einfache Weise verbessert werden.

## Standort

Genauso wie man das Gewächshaus am sonnigsten Platz im Garten aufstellen sollte, sollten auch Hochbeete einen Platz in voller Sonne erhalten und in Nord-Süd-Richtung platziert werden. So erhalten sie im Tagesverlauf gleichmäßig viel Licht, denn die meisten Obst- und Gemüsearten wachsen unter solchen Bedingungen am besten.

## Maße

Die Länge des Hochbeetes wird durch die Größe des Gewächshauses vorgegeben. Es sollte ringsum noch genug Platz sein, sich bequem um das Beet bewegen zu können. Bedenken Sie, dass sich sehr lange Hochbeete weniger leicht bewegen lassen als kürzere. Besonders wichtig ist die Breite. Sie sollte 1,20 m nicht überschreiten. So können Sie die Beetmitte von beiden Seiten gut erreichen, ohne auf die Erde knien oder treten zu müssen. Dies würde zu Verdichtungen der Erde führen und außerdem ist es mühsam, wieder herunterzuklettern.

## Hochbeete füllen

Die Erde im Hochbeet sollte nährstoffreich und gut durchlässig sein. Ich verwende gerne Grünkompost, denn er ist leicht zu bekommen und sehr nährstoffreich und damit für die meisten Kulturen geeignet.

**Durch ihre Höhe** sind Hochbeete gut für hängend wachsende Kirschtomaten geeignet.

**Kompost** reichert die Erde im Hochbeet mit Nährstoffen an und man kann ihn leicht nachfüllen.

Eine ideale Mischung besteht aus 50 Prozent Grünkompost, 40 Prozent Gartenerde und 10 Prozent Sand. Nicht jeder Gartenbesitzer hat die Möglichkeit, die Hochbeeterde selbst zu mischen. Dann genügt es, das Beet mit reifem Kompost zu füllen. Dieser muss jedoch schon abgekühlt sein. Sonst verursacht er Verbrennungen an den Jungpflanzen. Da die Erde sich mit der Zeit zersetzt und absackt, muss das Hochbeet nach der Ernte wieder aufgefüllt werden.

## Bepflanzung

Der Vorteil von Hochbeeten im Gewächshaus ist die Möglichkeit, eine große Bandbreite von Kulturen auf großzügigem Raum anbauen zu können. Zahlreiche Gemüse- und Blumenarten profitieren von der Wärme und dem Schutz. Hochbeete können zudem als Anzuchtbeet für Jungpflanzen und Aussaaten dienen.

Im Vorfrühling ist der Boden noch kalt. Dann bieten Hochbeete etwas mehr Wärme und junge Salat- und Kräuterpflanzen finden ein etwas milderes Umfeld. Dadurch wachsen sie schneller als in Bodenbeeten.

Im Sommer lassen sich in Hochbeeten hervorragend Zinnien und andere Schnittblumen aussäen (S. 203). Oder man baut Paprika, Süßkartoffeln, Hänge-Erdbeeren und Tomaten an. Die vorgegebene Fläche in Hochbeeten ist zudem ideal, um eine rotierende Fruchtfolge anzulegen.

# Ein Hochbeet bauen

**Hochbeete sind es wert, bei der Planung eines Gewächshauses berücksichtigt zu werden. Sie ermöglichen es, größere Pflanzen und solche mit tiefen Wurzeln zu kultivieren und eine Fruchtfolge für das ganze Jahr zu planen. Auch für Menschen mit körperlichen Einschränkungen sind sie eine gute Wahl, außerdem für alle, die keine Lust haben, jedes Jahr Pflanzgefäße ins und aus dem Haus zu tragen.**

Weitere Vorteile des Gärtnerns in Hochbeeten im Gewächshaus sind:

- Die Bodentemperatur ist in Hochbeeten höher als in Bodenbeeten. So kann im Frühling früher geerntet und gesät werden und die Anbauzeit geht bis in den Herbst hinein.
- Pflanzen, die erhöht wachsen, sind vor Schäden durch Schuhe oder Schubkarren geschützt.
- Das Gewächshaus bleibt sauber, denn aus dem Hochbeetrahmen fällt nur wenig Erde auf die Wege und den Boden.
- Erhöht stehende Pflanzen sind vor Kaninchen und anderen Schädlingen geschützt.
- Auf Grundstücken mit schlechtem Boden ermöglichen Hochbeete, in nährstoffreicher, gut durchlässiger Erde zu gärtnern. Eine Mischung aus gutem Mutterboden und verrottetem Stallmist oder Kompost ist ideal für den Anbau von Pflanzen.

Hochbeete bieten Pflanzen eine tiefere Wurzelzone, in der die Erde weniger häufig austrocknet, als es in Pflanzsäcken oder Töpfen der Fall ist. Hochbeete ermöglichen es zudem, in angenehmer Arbeitshöhe zu gärtnern. Wer es selber baut, kann es an die Gegebenheiten im eigenen Garten anpassen.

Nicht die ganze Erde im Hochbeet muss jedes Jahr ausgetauscht werden. Es reicht, jedes Frühjahr die obersten 20 Prozent zu ersetzen. In Kombination mit einem an die Jahreszeiten angepassten Düngeplan erzielt man so üppige Ernten und spart Geld.

**Bauen Sie das Hochbeet** im Gewächshaus. Das hat den Vorteil, dass Sie den sperrigen Rahmen anschließend nicht zu weit transportieren müssen.

## Grundkonstruktion

**Überlegen Sie, wie groß das Hochbeet sein soll, damit Sie gut daran arbeiten können. Die Grundfläche meines Hochbeetes wurde von der Größe meines Gewächshauses vorgegeben. Die Höhe ergab sich aus den vorhandenen horizontalen Brettern.**

**Horizontale Bretter** bilden die Seitenwände.

**Vertikale Bretter** als Mittelleisten verbinden die horizontalen Bretter.

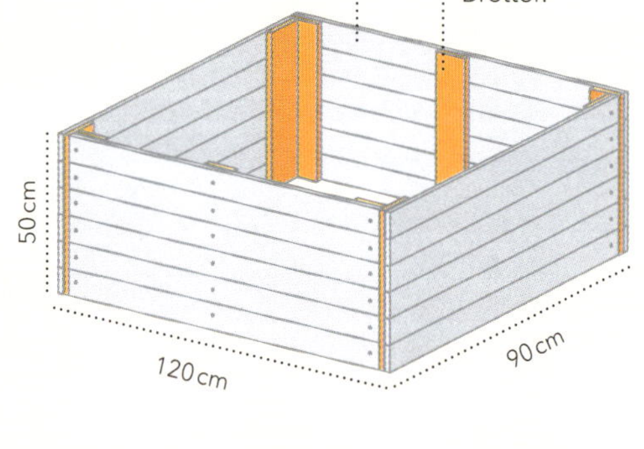

**»Hochbeete bieten Ihren Pflanzen eine tiefe Wurzelzone und Ihnen die Möglichkeit, in angenehmer Arbeitshöhe zu gärtnern.«**

**Hölzerne Palettenrahmen** sind eine Möglichkeit, günstig und schnell ein Hochbeet zu bauen.

## Günstige Hochbeete

Selbstverständlich kann man Hochbeete fertig kaufen. Man kann sie aber auch aus gebrauchten Materialien selbst herstellen. Das ist günstiger und man kann individueller gestalten.

Sogenannte Palettenrahmen sind leicht erhältlich und online zu bekommen. Man setzt sie übereinander und hakt die Metallhaken in den Rahmen darunter ein (s. Bild oben rechts). Aus zwei bis drei aufeinandergesetzten Rahmen entsteht so ein vielseitiges und leicht umstellbares Hochbeet.

Für das hier beschriebene DIY-Hochbeet habe ich stattdessen Palettenholz verwendet. So konnte ich ein Hochbeet bauen, das zu den Platzverhältnissen meines Gewächshauses perfekt passt.

## Sie brauchen

2–3 Holzpaletten (mit gleich breiten Brettern, damit das Hochbeet einheitlich hoch wird)

Werkzeuge zum Auseinanderbauen der Paletten (breiten Schlitz-Schraubendreher und Zimmermannshammer, Nageleisen oder Palettenbrecher)

Maßband

Bleistift

Holzsäge

Schrauben (genügend, um die Bretter an allen Ecken und Mittellatten zu befestigen)

Schraubendreher (vorzugsweise elektrisch)

Großer Winkel

Wasserwaage

Grünschnittkompost oder torffreie Erde oder eine 50:50-Mischung aus Mutterboden und Grünschnittkompost

## Anleitung

**01**
Palettenbretter mit einem breiten Schlitz-Schraubendreher und dem Zimmermannshammer vom Rahmen lösen. Nägel heraushämmern und wenn möglich weiterverwenden. So viel Holz wie möglich gewinnen. Die horizontalen Bretter für die Seiten abmessen und zurechtsägen.

**02**
Aus dem restlichen Holz pro Seite drei senkrechte Latten in Länge der gewünschten Hochbeethöhe zurechtsägen.

**03**
Die horizontalen Bretter an die vertikal laufenden Verbindungsbretter schrauben. So entstehen die stabile Vorder- und Rückseite. Damit es ordentlich aussieht, sollten die Verbindungsbretter nach innen zeigen. Dabei mit dem Winkel und der Wasserwaage sicherstellen, dass die Bretter gut ausgerichtet sind.

**04**
Auf die gleiche Weise die beiden kurzen Seiten bauen. Sie brauchen nur am rechten und linken Rand eine senkrechte Verbindung. Alle vier Hochbeetwände zu einem rechtwinkligen Beetrahmen aufstellen.

01

02

04

03

05

06

**05**
Die Wände an den Ecken zusammenfügen. Dafür durch die senkrechten Verbindungsbretter an den Enden schrauben.

**06**
Mein Hochbeet steht auf Steinplatten mit breiten Fugen, sodass das Wasser abfließen kann. Steht das Hochbeet auf einer nicht wasserdurchlässigen Fläche, sodass das Abfließen nicht möglich ist, gibt man auf den Grund des Beetes eine Schicht Schotter. So kann überschüssiges Wasser abfließen und es wird Staunässe vermieden, die schlecht für die Pflanzen ist. Um das Holz zu schützen, kann man im Inneren des Rahmens Bändchengewebe befestigen. Allerdings wird das Hochbeet dadurch teurer. Zum Schluss wird das Hochbeet mit Gartenkompost oder einer 50:50-Mischung aus Gartenkompost und Mutterboden gefüllt. Soll direkt ins Beet gesät werden, befüllt man die obersten 5 cm des Rahmens mit torffreier Anzuchterde.

# Ein Ort für die Vermehrung

**Es ist verlockend, sich auf Gartencenter zu verlassen, die uns bequem mit vorgezogenen Pflanzen versorgen. Hinsichtlich der Kosten und der Freude ist das Selberziehen von Pflanzen durch Aussaat oder Stecklinge jedoch unschlagbar. Dabei ist ein Gewächshaus unverzichtbar.**

Obwohl ich schon seit vielen Jahren Pflanzen vermehre, ist es jedes Mal wie ein Wunder, wenn Keimlinge aus Samen sprießen oder Stecklinge anwachsen und neue Blätter bilden. Es ist der Höhepunkt meines Gartenjahres. Gartencenter und Gärtnereien produzieren sehr gute Jungpflanzen und man kann damit viel Zeit sparen. Dies sollte uns jedoch nicht von der absoluten Befriedigung abhalten, die das Vermehren von Pflanzen zuhause macht.

Für die Pflanzenvermehrung gibt es verschiedene Methoden, die zu unterschiedlichen Ergebnissen führen. In diesem Kapitel schauen wir uns die am häufigsten angewendeten Methoden an: Aussäen, Stecklingsvermehrung und Teilen. Beim Aussäen erhält man viele Pflanzen, die jedoch genetisch leicht unterschiedlich sind. Bei Stecklingen oder dem Teilen dagegen erhält man eine Kopie der Mutterpflanze und es entstehen gleichartige Nachkommen. Manchmal ist im Garten Konstanz oder Wiederholung erwünscht, manchmal ist Vielfalt unglaublich attraktiv.

Sämlinge oder Stecklinge im Gewächshaus vorzuziehen ist wesentlich besser, als sie draußen zu ziehen. Im Haus kann man die jungen empfindlichen Pflänzchen vor Kälte, Nässe und Wind schützen und durch höhere Temperaturen das Wachstum fördern. Anschließend kann man sie abhärten und nach draußen pflanzen oder sie eintopfen und im Gewächshaus behalten. Jungpflanzen, die im Haus weiterkultiviert werden, sind besser vor Schädlingen geschützt. Bevor man sie nach draußen setzt, lässt man sie kräftig und groß werden. Sie sind dann widerstandsfähiger gegen Schädlinge.

Durch Aussäen, Stecklingsvermehrung und Teilen können wir große Mengen an Pflanzen ziehen und oft ist die Auswahl viel größer als bei gekauften vorgezogenen Pflanzen. Vor allem mithilfe von Saatgut ist es möglich, seltene und außergewöhnliche Sorten zu ziehen, die es weder online noch in Gartencentern oder Gärtnereien zu kaufen gibt.

**Die Aussaat** liefert große Pflanzenmengen und man kann ungewöhnliche Sorten ziehen.

**Ein beheiztes Zimmergewächshaus** ist für die Aussaat von unschätzbarem Wert, aber auch für die Vermehrung von Wurzelstecklingen von Zitronengras, Süßkartoffeln und Ingwer.

**Ein Gewächshaus** eignet sich gut für das Ziehen von Sämlingen, Stecklingen oder geteilten Pflanzen.

## Vermehrungsmethoden

### Aussäen

- Günstig.
- Samen sind leicht zu bekommen, selber sammeln möglich.
- Große Menge an Pflanzen.
- Natürliche Vielfalt ist schön.

### Stecklingsvermehrung

- Eigenschaften der Mutterpflanze werden kopiert.
- Alternative, wenn Saatgut teuer oder schwer erhältlich ist.
- Praktisch, wenn nur wenige Pflanzen gebraucht werden.

### Teilen

- Eine der einfachsten Methoden mit guter Erfolgsquote.
- Unkomplizierte Methode.
- Die Eigenschaften der Mutterpflanze bleiben erhalten.

# Vermehrung durch Aussäen

**Die Aussaat ist eine der sparsamsten und ergiebigsten Vermehrungsmethoden und Gewächshäuser sind der perfekte Ort dafür. Dieses Kapitel erklärt den Ablauf vom Säen bis zum Topfen.**

Beim Aussäen entstehen viele Pflanzen, die allerdings nicht immer identisch sind. Sammelt man zum Beispiel Samen von einer Sonnenblume und sät diese im nächsten Jahr aus, erkennt man bei den Nachkommen einige Eigenschaften wieder, teilweise sehen sie aber auch anders aus.

Pflanzen sind raffiniert und bei der Aussaat braucht es vom Gärtner nur wenig Hilfe. Er muss nur für eine Umgebung sorgen, in der die Pflanzen gedeihen. Meist ist alles, was der Samen braucht, bereits in ihm eingeschlossen. Bekommt er ein wenig Feuchtigkeit und die passende Temperatur, bildet sich schnell die Primärwurzel und nimmt Wasser und Nährstoffe aus der Erde auf. Sobald diese Wurzel sich gebildet hat, treibt ein Keimling Keimblätter zum Licht. Danach bilden sich die ersten Laubblätter, an denen das Aussehen der Pflanze erkennbar ist. Bei der Aussaat ist gutes Etikettieren wichtig, denn viele Keimlinge sehen sich sehr ähnlich.

Gewächshauspflanzen, die wie Tomaten, Chili und Auberginen im Sommer reifen, brauchen für die Keimung höhere Temperaturen als robustere Pflanzen wie Wicken und Kohl.

Einige Samen benötigen eine spezielle Behandlung, um zuverlässig zu keimen. Hinweise dazu gibt die Samentüte. Für die meisten Pflanzenarten gilt jedoch die folgende Beschreibung:

**Samen** kühl und trocken lagern. Das Verschließen der Tüten mit Klebeband hält die Feuchtigkeit in der Tüte. So bleiben die Samen länger haltbar und keimfähig.

**Nach der Aussaat im Februar** bildet *Antirrhinum majus* 'Ruby' den Sommer über schöne Schnittblumen.

## Anleitung

**01**
Aussaatschale oder -platte mit torffreier Erde füllen. Klumpen mit den Fingern zerkleinern. Sehr kleine Samen sollten mit einem Sieb ausgesät werden. So keimen sie gleichmäßiger. Die Erde mit dem Boden eines Topfes oder mit der Hand ebnen.

**02**
In Multitopfplatten die Erde in jeder Zelle mit zwei Fingern andrücken. Ansonsten einen Erdstempel oder die Unterseite eines Topfes verwenden und die Erde so andrücken, dass bis zum oberen Rand der Platte 1 cm Platz ist. So passen Samen und eine Abdeckschicht aus Erde oder Vermiculit in die Töpfe.

**03**
Die angedrückte Erde mit einer kleinen Gießkanne durchdringend anfeuchten. Mit Leitungswasser kann man das Risiko von Bakterien und Krankheiten minimieren, die die Jungpflanzen befallen könnten. Durch das Vollsaugen ist die Erde so nass, dass die Samen von der Feuchtigkeit zur Keimung angeregt werden. In der ersten Woche brauchen sie nicht gegossen zu werden.

**04**
In Multitopfplatten kommen jeweils zwei Samen in jeden Topf, später wird einer der Sämlinge entfernt. In Aussaatschalen werden die Samen gleichmäßig verteilt. Dabei an Rändern und in der Mitte gleich dicht säen.

**05**
Das Aussaatgefäß beschriften und die Samen dünn mit gesiebter Erde oder Vermiculit abdecken. Größere Samen können meist vollständig bedeckt werden. Bei einigen Pflanzenarten werden die Samen nur ganz leicht bedeckt, bei anderen gar nicht. Auf den Samentüten ist vermerkt, ob für die Keimung Licht notwendig ist. Bei Unsicherheit gilt die Faustregel: Je kleiner der Samen, desto weniger Abdeckung braucht er.

01

02

03

04

05

**Durch das Vereinzeln** in einzelne Töpfe bekommen die Sämlinge Platz und Nährstoffe und bilden starke Wurzeln.

## Vereinzeln

Mit dem Vereinzeln helfen wir Sämlingen sich gesund zu entwickeln. Dabei werden die jungen Pflänzchen einzeln in größere Töpfe gesetzt und haben dann mehr Wurzelraum und mehr Nährstoffe zur Verfügung. Tut man dies nicht, verflechten sich die Wurzeln der einzelnen Sämlinge. Durch das Verpflanzen in jeweils eigene Behälter mit nährstoffreicherer Erde können sie ohne Konkurrenz durch andere Pflanzen ein kräftiges Wurzelsystem bilden.

## Tipps

- Beschriften, beschriften, beschriften: Die meisten Sämlinge sehen sich sehr ähnlich – verlassen Sie sich nicht auf Ihre Erinnerung. Versehen Sie jede Aussaatschale mit einem Etikett, bei mehreren Sorten jeder Pflanze.
- Frisch vereinzelte Pflanzen dürfen nicht sofort sehr warm gestellt werden. Für die ersten 12 Stunden ist ein kühler Platz im Halbschatten geeignet. Erst dann stellt man sie ins Gewächshaus.
- Bei der Aussaat in Multitopfplatten entfällt das Vereinzeln. Lassen Sie nur einen kräftigen Sämling weiterwachsen. Die anderen werden mit einer Schere über dem Boden abgeschnitten. So kann der stärkste weiterwachsen und den Topf durchwurzeln.

## Anleitung

**01**
Als Erstes die Erde in den Saatschalen oder -platten mit einer kleinen Gießkanne anfeuchten. Alternativ können die Sämlinge nach dem Vereinzeln gegossen werden, indem man die Töpfe in eine wassergefüllte Schale stellt, bis die Erde sich mit Feuchtigkeit vollgesaugt hat. Es dauert etwa eine halbe Stunde, bis die Erde durchnässt ist.

**02**
Sobald die Sämlinge ihr erstes Paar Laubblätter entwickelt haben, werden sie einzeln umgepflanzt. Die Laubblätter bilden sich nach dem allerersten Paar Blätter, Keimblätter genannt. (Die meisten Pflanzen sehen sich im Keimblattstadium sehr ähnlich, erst die Laubblätter zeigen die Merkmale der späteren Blätter.) Zum Umpflanzen die Pflänzchen an einem Keimblatt fassen. So bleiben der Stängel und die Laubblätter unbeschädigt. Die Wurzeln mit einem Pikierstab aus der Erde lösen und den Sämling aus der Saatschale oder -platte herausziehen.

**03**
Mittig im Topf ein Loch in die Erde drücken. Es sollte tiefer und breiter sein als das Wurzelsystem des Sämlings, damit die Wurzeln hineinpassen, ohne Schaden zu nehmen. Lange Pflanzen können etwas tiefer, also bis zum Ansatz der Keimblätter, in die Erde gesetzt werden. So stehen sie stabiler und wachsen in den nächsten Wochen kräftiger.

**04**
Das Loch mit dem Pikierstab wieder verfüllen und währenddessen das Keimblatt festhalten. Sobald der Sämling gut in der Erde steht, diese andrücken und das Blatt loslassen.

**Zur richtigen Zeit.**
An sehr heißen Tagen sollte nicht vereinzelt werden. Die Pflänzchen würden dann anfangen zu welken.

## Topfen

Das Umsetzen von Jungpflanzen in größere Töpfe wird »topfen« genannt. Der neue Topf sollte höchstens doppelt so groß sein wie der alte. Während einige kräftig wachsende Pflanzen den Wechsel von einem kleinen in einen großen Topf gut vertragen, sorgt die größere Menge kalter, feuchter Erde bei den meisten Pflanzen dafür, dass sie erst einmal langsamer wachsen. Sie erholen sich zwar mit der Zeit, vergleicht man aber eine Pflanze, die mehrmals in einen wenig größeren Topf gesetzt wurde, mit einer, die aus einem kleinen in einen zehnmal so großen Topf gepflanzt wurde, ist die erste größer und hat ein stärkeres Wurzelsystem. Was aussieht, als ob man Zeit sparen könnte, führt auf lange Sicht also zu schwächeren Pflanzen. Das regelmäßige Umtopfen lohnt sich daher, denn so läuft der Wachstumsprozess gleichmäßig ab. Die Anleitung unten zeigt das Topfen von Stecklingen, gilt aber auch für Sämlinge.

## Anleitung

**01**
Einen passenden Topf suchen, der maximal doppelt so groß ist wie der alte. Er sollte im Boden ausreichend Abzugslöcher für Wasser haben. Die Pflanze aus dem ursprünglichen Topf nehmen.

**02**
Mit den Fingern die unteren Wurzeln vorsichtig auseinanderziehen. Sie wachsen in der neuen Erde dann besser an. Den oberen Zentimeter Erde vom Ballen entfernen. Das schafft Platz für neue Erde, zudem werden Unkrautsamen und Moos entfernt.

**03**
Einige Handvoll Erde in den neuen Topf füllen und den Wurzelballen des Sämlings darauf setzen. Bei Bedarf Erde dazugeben oder wegnehmen, bis der Wurzelballen in der richtigen Höhe im Topf sitzt. Er sollte etwas unter dem Rand enden. Dieser sogenannte Gießrand erlaubt, dass sich das Wasser um die Pflanzen sammeln kann.

**04**
Sobald der Ballen passend im Topf sitzt, den Topf mit Erde auffüllen und diese mit den Händen andrücken. Es sollten keine Hohlräume bleiben und der Topf sollte gut gefüllt sein. Hohlräume verhindern, dass

04

05

Wurzeln wachsen. Damit man dies vermeidet, sollte sichergestellt sein, dass der Topf rund um den Wurzelballen vollständig mit Erde gefüllt ist.

**05**
Die Erde mit den Händen ebnen und dabei den Gießrand behalten. Anschließend kräftig wässern. Sobald die Pflanze anfängt auszutrocknen, erneut gießen. Ob die Erde trocken ist, erkennt man, wenn man einen Finger hineinsteckt: Fühlt es sich unter der Oberfläche trocken an, sollte gegossen werden. Vorsicht: Torffreie Erde wirkt oft auch dann an der Oberfläche trocken, wenn sie noch feucht ist.

## Fehler bei der Aussaat vermeiden

- Timing ist alles. Lassen Sie sich nicht verleiten, zu früh mit der Aussaat zu beginnen. Durch die niedrigen Temperaturen und die kurzen Tage keimen die Samen nur langsam, die Sämlinge werden lang und weich. Spätere Aussaaten sind in kurzer Zeit genauso groß wie frühe.
- Einige Samen profitieren davon, wenn man sie mit einer Glasscheibe, einem Deckel oder einer Plastiktüte abdeckt, denn die Luftfeuchtigkeit ist dann erhöht. Die Abdeckung sollte entfernt werden, sobald die Samen gekeimt sind. Sonst faulen sie und die Sämlinge bleiben schwach.
- Die Zeit des Auspflanzens spielt auch beim Topfen eine Rolle. Beetpflanzen und andere kälteempfindliche Gewächse sollten vor Frost geschützt werden. Man sät sie frühestens im März und April aus. Es ist nicht sinnvoll, im März große Tomatenpflanzen zu haben (wenn sie weder ausreichend Licht noch Wärme bekommen).
- Zu dicht stehende Sämlinge werden lang und weich. Besser ist es, dünn auszusäen, irgendwann auszudünnen und die Jungpflanzen zu topfen, sobald der Platz knapp wird.
- Geduld und das Abhärten von Jungpflanzen, bevor diese in den Garten (S. 25) ausgepflanzt werden, zahlen sich aus. Dafür werden die Pflänzchen tagsüber kälter gestellt und abends wieder ins Haus geholt. Dies wiederholt man mehrere Tage bis zu einer Woche. Bedenken Sie also, wann Sie auspflanzen möchten, und beginnen Sie ein bis zwei Wochen vorher mit dem Abhärten. Viele Pflanzen vertragen keinerlei Frost. Üblicherweise besteht nach Ende Mai keine Frostgefahr mehr. Kälteempfindliche Pflanzen, die in der zweiten Maihälfte abgehärtet werden, können Ende des Monats ausgepflanzt werden.
- Stängelgrundfäule entsteht, wenn die zarten Sämlinge von oben gegossen werden. Die Krankheit kann die Pflänzchen töten. Eine stärkere Luftzirkulation, niedrige Temperaturen, Vereinzeln und Gießen von unten können dem vorbeugen.

# Vermehrung durch Stecklinge

**Bei der Stecklingsvermehrung entsteht eine Kopie der Mutterpflanze, bei der Aussaat entstehen dagegen Nachkommen mit anderen Eigenschaften. Wer kostenlos exakte Klone seiner Lieblingspflanze ziehen möchte, sollte die Vermehrung über Stecklinge wählen.**

**Weiche neue** Triebe von der Pflanzenbasis sind ideal für die Stecklingsvermehrung.

Pflanzen, die aus Stecklingen gezogen wurden, erben alle Eigenschaften der Mutterpflanze. Nimmt man zum Beispiel von einer gelb blühenden Dahlie Stecklinge, haben die neu gezogenen Pflanzen ebenfalls gelbe Blüten. Nimmt man dagegen von derselben Dahlie Samen, bekommt man zwar auch einige gelb blühende Nachkommen, aber auch einige mit andersfarbigen Blüten. Durch die Aussaat erhält man viel mehr Jungpflanzen mit unterschiedlichem Aussehen. Durch die Stecklingsvermehrung, auch vegetative Vermehrung genannt, kann man sicherstellen, dass die Eigenschaften der neuen Pflanzen dieselben sind wie die der Mutterpflanzen.

## Arten von Stecklingen

Es hängt von der Pflanze und von der Jahreszeit ab, welche Art von Steckling am erfolgreichsten ist. Am üblichsten sind Triebstecklinge. Pflanzen können aber auch aus Blättern und Wurzeln vermehrt werden. Das ist möglich, weil Triebe, Wurzeln und Blätter der meisten Pflanzen Meristeme besitzen, also undefinierte Zellen, die sich teilen und unterschiedliche Funktionen ausbilden können. Dank dieser Meristeme kann man verschiedene Pflanzenteile zur Vermehrung nutzen. Erst bilden sich Wurzeln, dann neue Pflänzchen. Wurzelstecklinge von Mutterpflanzen in der Wachstumsruhe können ein eigenes Wurzelsystem ausbilden. Blattstecklinge bilden neue Pflänzchen, sobald ihre Blattadern mit der Erde in Kontakt kommen.

Triebstecklinge werden meist unter einer Knospe oder einem Auge geschnitten, anschließend entfernt man die unteren Blätter. Die Wunde am unteren Ende des Stecklings bildet einen Kallus und neue Wurzeln (auch Adventivwurzeln genannt). Auch durch Risslinge kann man Vermehrungsmaterial gewinnen. Dabei wird ein Seitentrieb vom Haupttrieb gerissen. Solche Risslinge sind meist weich und biegsam. Diese Vermehrungsmethode

**Durch Stecklinge** kann man Pflanzen kostenlos vermehren. Bei Geranien, Chrysanthemen und Dahlien funktioniert das sehr gut.

wird häufig bei Dahlien, Chrysanthemen und Rittersporn angewandt. Bei Triebstecklingen wird ein Teil des Stängels mit einem Auge oder einem Blattansatz geschnitten. Als Auge bezeichnet man die leicht verdickten Stellen am Trieb, die viele Hormone enthalten, welche die Kallus- und Wurzelbildung fördern.

## Erde

Stecklinge brauchen für die Wurzelbildung keine Nährstoffe. Sie benötigen aber einen guten Luftaustausch und eine durchlässige Erde. Am besten geeignet ist eine Mischung aus gleichen Teilen torffreier Erde und Perlit oder Kies. Wachsen Wurzeln aus den Abzugslöchern des Topfes heraus, ist dies ein sicheres Zeichen dafür, dass der Steckling in torffreie Erde gesetzt und einmal wöchentlich mit Dünger gestärkt werden sollte.

**Schneiden Sie mehr** Stecklinge, als Sie brauchen. Überschüssige Pflänzchen kann man an Freunde und Nachbarn verschenken.

## Nach dem Stecken

Ohne Wurzeln können die Stecklinge keine Feuchtigkeit aufsaugen. Damit sie gesund und frisch bleiben, sollten sie daher in hoher Luftfeuchtigkeit stehen. Überzieht man den Topf mit den Stecklingen mit einem durchsichtigen Plastikbeutel, bleibt die Luftfeuchtigkeit hoch und die Pflanzen sind vor dem Austrocknen geschützt. Erfolgversprechender ist jedoch ein Zimmergewächshaus mit einer Bodenheizung. Die Stecklinge sollten täglich mit Wasser besprüht werden, damit sie nicht austrocknen. Mindestens einmal wöchentlich sollte außerdem die Erde gegossen werden.

Die Stecklinge sollten erst aus dem Zimmergewächshaus oder dem Plastikbeutel genommen werden, wenn sie ein kräftiges Wurzelsystem gebildet haben. Neue Blätter sind meist, aber nicht immer, ein gutes Zeichen dafür, dass sich Wurzeln bilden. Man sollte jedoch nie zum Überprüfen

**Stecklinge** wie hier von Dahlien (ganz oben) und Fuchsien (oben) werden, sobald sie kräftige Wurzeln haben, in einzelne Töpfe gesetzt.

## Tipps

- **Schattig stellen** Stecklinge sind am Anfang sehr empfindlich. Ein warmes Gewächshaus mit viel Licht kann ihnen schaden oder sie zum Absterben bringen. Man stellt die Töpfe möglichst in einen wassergefüllten Untersetzer und stellt sie 48 Stunden unter die Gewächshausregale oder in den Schatten. So können sie sich wieder vollsaugen, bevor sie heller gestellt werden. Direkte Sonne sollte jetzt vermieden werden. Sie könnte den unbewurzelten Stecklingen schaden.
- **Für buschigen Wuchs sorgen** Möchte man Fuchsien oder Buntnesseln als Stämmchen ziehen, ist das Ziehen eines kräftigen Haupttriebes wichtig (S. 209). Bei den meisten anderen Pflanzen ist jedoch ein buschiger Wuchs gewünscht. Sobald die Stecklinge Wurzeln gebildet haben, sollte daher die Spitze des Triebes vorsichtig entfernt werden. Die Pflanze bildet dann kräftige Seitentriebe und bekommt eine schöne Form.

an den Stecklingen ziehen, da das den Wurzeln schadet. Besser ist es, nach jungen weißen Wurzeln Ausschau zu halten, die aus den Abzugslöchern der Töpfe wachsen. Sie sind ein sicheres Zeichen dafür, dass der Steckling umgetopft werden kann.

Vor dem Topfen stellt man die Stecklinge einige Tage ins Gewächshaus. So können sie sich an die geringere Luftfeuchtigkeit und die höhere Lichtintensität gewöhnen. Man kann zum Beispiel zunächst den Deckel des Zimmergewächshauses oder den Plastikbeutel tagsüber entfernen, damit die Pflanzen sich an die Bedingungen im Gewächshaus anpassen. Nach einigen Tagen lässt man für mehrere Tage den Deckel bzw. den Beutel auch nachts weg. Erst dann wird getopft. Danach müssen die Pflanzen nicht mehr ins Zimmergewächshaus gestellt werden und können nach und nach abgehärtet werden (S. 25), bevor man sie ins Freie stellt.

**Luftfeuchtigkeit** hilft Stecklingen Wurzeln zu bilden. Wer kein Zimmergewächshaus hat, deckt sie mit einem Plastikbeutel ab.

**Geraniensteckinge** können nach dem Topfen im Frühbeet abgehärtet werden.

**Seitentriebe von Fuchsien** (oben) bilden in einem Glas Wasser schnell Wurzeln. Damit sich keine Bakterien bilden, das Wasser täglich wechseln.

**Junge Dahlien-Triebe** (links) sind gut als Grünholzstecklinge geeignet. Sie werden im Frühsommer geschnitten.

## Triebstecklinge

Die verschiedenen Methoden, Triebstecklinge zu nehmen, werden nach dem Alter des geschnittenen Holzes benannt. Als **Kopfstecklinge** bezeichnet man Triebspitzen, die im Frühsommer geschnitten werden. **Grünholzstecklinge** schneidet man im Spätsommer, die Triebe sind dann etwas härter und holziger. **Steckhölzer** werden zum Ende der Vegetationszeit und im Herbst gewonnen. Die Triebe sind dann voll ausgereift und verholzt.

Für **Kopfstecklinge** werden die Triebspitzen nicht blühender Stiele oder junger Basaltriebe geschnitten. Sie bilden schnell Wurzeln und werden oft genutzt, wenn schwer vermehrbare Pflanzen gezogen werden sollen. So werden zum Beispiel Chrysanthemen und Dahlien mit Kopfstecklingen vermehrt. Sie brauchen zum Bewurzeln jedoch eine hohe Luftfeuchtigkeit, denn das Pflanzenmaterial ist sehr anfällig.

**Grünholzstecklinge** sind fester und reifer und damit robuster als Kopfstecklinge. Geranien, Vanilleblumen und Fuchsien für das Gewächshaus werden beispielsweise mit Grünholzstecklingen vermehrt.

**Steckhölzer** sind am widerstandsfähigsten und leicht zu pflegen. Es gibt zwei Arten von Steckhölzern: belaubte und unbelaubte. Immergrüne Gehölze wie Stechpalme und Rhododendron können damit vermehrt werden, aber auch sommergrüne wie Rosen, Hartriegel und Weiden.

### Geranien mit Grünholzstecklingen vermehren

Diese Methode der Stecklingsvermehrung eignet sich für die meisten frostempfindlichen Stauden, die uns den Sommer über mit ihrer Fülle an Farben erfreuen. Dazu gehören Vanilleblumen, Geranien und Fuchsien. Grünholzstecklinge können ab Juli bis Ende September geschnitten werden. Dann sind die Triebe reif genug und nicht mehr so weich, gleichzeitig aber noch nicht vollständig verholzt. Diese Stecklinge sind so vital, dass sie schnell Wurzeln bilden, gleichzeitig sind sie reifer und damit widerstandsfähiger gegen unwirtliche Bedingungen als Grünholzstecklinge.

# Anleitung

**01**
Utensilien bereitlegen: Gartenschere, Haushaltsschere oder Messer, kleine Töpfe mit Erde, Holzstab, kleine Gießkanne sowie Zimmergewächshaus oder Plastikbeutel. Dann einen gesunden, nicht blühenden, 5–10 cm langen Trieb an der Mutterpflanze suchen. Den Trieb kurz oberhalb eines Blattansatzes abschneiden und an den unteren zwei Dritteln die Blätter entfernen.

**02**
Das untere Ende kurz unter einem Blattansatz abschneiden.

**03**
Spitze des Stecklings abschneiden. So welkt er weniger schnell. Große Blätter einkürzen. Sie verbrauchen dann weniger Wasser.

**04**
Stecklinge entlang des Topfrandes in lockere, durchlässige Erde (S. 99) stecken. Dafür einen Holzstab oder einen Bleistift als Pikierholz verwenden. Die Erde bis zum oberen Drittel des Stecklings auffüllen. Es ist nicht schlimm, wenn die Stecklinge eng stehen. Das erhöht die Luftfeuchtigkeit, was wiederum die Wurzelbildung beschleunigt.

**05**
Die Stecklinge durchdringend gießen, bis die Erde durchnässt ist. Im Zimmergewächshaus oder in einem durchsichtigen Plastikbeutel an einen absonnigen Platz stellen. Den Beutel unter dem Topf verschließen, damit die Feuchtigkeit gespeichert bleibt. Die Erde darf nicht austrocknen und die Luftfeuchtigkeit sollte so lange hoch gehalten werden, bis frische Wurzeln aus den Abzugslöchern am Topfboden wachsen. Sie sind ein Zeichen dafür, dass die Stecklinge umgetopft werden können.

**Stecklinge trocknen schnell aus.** Legen Sie alles für das Topfen und Gießen vorab zurecht.

## Blattstecklinge

Es lohnt sich, die Vermehrung über Blattstecklinge auszuprobieren. Dabei werden Blattstücke oder ganze Blätter geschnitten und in die Erde gelegt. Wo die Blattadern auf die Erde treffen, bilden sich Ableger. Drehfrucht *(Streptocarpus)*, Begonien, Usambaraveilchen und Zierpfeffer werden durch Blattstecklinge vermehrt.

## Drehfrucht durch Blattstecklinge vermehren

Die Drehfrucht benötigt besondere Bedingungen, wenn sie im Gewächshaus steht: Um Wurzeln zu bilden, brauchen die Stecklinge hohe Luftfeuchtigkeit und Schutz vor starker Sonne. Die Drehfrucht eignet sich wunderbar als Zimmerpflanze.

## Anleitung

**01**
Ein großes Blatt so nah am Ansatz wie möglich mit einer Schere von der Pflanze schneiden.

**02**
Das Blatt mit der Oberseite auf ein Schneidebrett legen, sodass die Mittelrippe zu sehen ist. Mit einem scharfen Messer an der Mittelrippe entlangschneiden.

**03**
Eine Anzuchtschale mit einer Mischung aus torffreier Erde und Kies oder Perlite füllen und mit der Hand zwei Rillen in die Erdmischung drücken. Die beiden Blatthälften hineinlegen.

**04**
Die Blatthälften vorsichtig in die Erde drücken und dann angießen. Die Schale in einem Zimmergewächshaus oder mit einem Plastikbeutel abgedeckt auf eine helle, aber nicht zu sonnige Fensterbank stellen. Nach etwa 10–12 Wochen bilden sich an den Stellen, wo die Blattadern in der Erde liegen, kleine Pflänzchen.

01

02

03

04

## Wurzelstecklinge

Krautige Stauden wie Phlox, Mohn, Anemonen und Balkan-Bärenklau können im Herbst oder Winter über Wurzelstecklinge vermehrt werden.

Dabei sollte höchstens ein Drittel der Wurzeln geschnitten werden, damit die Mutterpflanze nach dem Wiedereinpflanzen wieder gut anwächst.

### Balkan-Bärenklau durch Wurzelstecklinge vermehren

Diese Stecklinge brauchen weder zusätzliche Wärme noch Luftfeuchtigkeit. Wärme würde sogar dazu führen, dass sie austreiben, ohne ein gutes Wurzelsystem zu haben. Die Stecklinge stellt man im Winter und Vorfrühling in ein unbeheiztes Gewächshaus oder ins Frühbeet, wo sie, sobald die Wurzeln kräftig genug geworden sind, Blätter bilden.

## Anleitung

**01**
Den Wurzelballen waschen und eine junge, kräftige, etwa bleistiftdicke Wurzel auswählen. Diese am Ansatz mit einem scharfen Messer abschneiden.

**02**
Die Wurzel in 5–10 cm lange Stücke schneiden. Dabei darauf achten, wo oben (also nahe des Ansatzes) und wo unten (also das Ende der Wurzel) ist.

**03**
Die Wurzelstücke senkrecht in torffreie Erde stecken, die für bessere Durchlässigkeit mit der gleichen Menge Kies oder Perlit gemischt ist. Das obere Ende des Wurzelstücks sollte kurz unter der Erdoberfläche stecken. Den Topf beschriften.

**04**
Die Oberfläche der Erde mit einer Schicht feinem Kies abdecken. So wird Unkraut unterdrückt und die Feuchtigkeit wird im Boden gespeichert.

**05**
Gut angießen und den Topf an einen kühlen Platz stellen. Das kann ein ungeheiztes Gewächshaus oder ein Frühbeet sein. Im Frühjahr treiben die Wurzelstücke aus. Sobald frische Wurzeln aus den Abzugslöchern des Topfes wachsen, ist Zeit zu topfen.

# Vermehrung durch Teilen

**Das Teilen ist die einfachste Vermehrungsmethode und für viele Stauden, aber auch dicht bepflanzte Kräutertöpfe aus dem Supermarkt bestens geeignet.**

**Das Teilen von Stauden,** zum Beispiel mit zwei Handgabeln, ist eine der einfachsten Vermehrungsmethoden.

Mit dem Teilen kann man Gartenpflanzen einfach vermehren, aber auch die Pflanzen selber profitieren davon: Mutterpflanzen, die mit der Zeit schwächer oder ungepflegt gewachsen sind, werden dadurch verjüngt. Manchmal stirbt das Innere der Stauden ab. Es kann kompostiert werden. Erhalten werden sollten nur die jüngeren, kräftiger wachsenden Pflanzenteile.

Beim Teilen von Stauden empfehle ich, Stücke zu nehmen, die mindestens faustgroß sind. Aus ihnen wachsen schon im ersten Jahr ansehnliche Exemplare. Je nach Größe und Dicke des Wurzelballens der Mutterpflanze kann man für die Teilung verschiedene Werkzeuge verwenden. Manche Pflanzen können mit den Händen geteilt werden, für andere braucht man zwei Handgabeln. Faserige, feste Wurzelballen teilt man am besten mit dem Spaten. Eine andere Möglichkeit sind zwei Grabegabeln, die man Rücken an Rücken in den Ballen steckt und auseinanderzieht. In Extremfällen kommen Säge oder Axt zum Einsatz.

Stauden sollten nicht in der Hauptwachstumszeit geteilt werden. Für die meisten Arten ist das Frühjahr der beste Zeitpunkt. Dann erwachen die Pflanzen, stecken voller Energie und haben die ganze Wachstumsphase, um im Garten einzuwachsen. Einige frühblühende Stauden wie Lungenkraut, Elfenblume und Christrose werden besser im Herbst geteilt. Die Pflanzen haben dann Zeit einzuwachsen und blühen im nächsten Frühjahr, im ersten Jahr allerdings meist etwas schwächer.

Auch Topfkräuter aus dem Supermarkt lassen sich gut teilen. Man bekommt mehr Pflanzen, die dazu noch länger leben, weil sie nicht mehr so dicht stehen.

## Stauden, die sich gut teilen lassen

Aster
Ehrenpreis
Fetthenne
Funkie
Katzenminze
Lungenkraut
Sonnenbraut
Sonnenhut
Sterndolde
Storchschnabel
Trollblume

### Kräuter aus dem Supermarkt teilen

Im Supermarkt gibt es Kräutertöpfe mit Basilikum, Petersilie, Minze oder Koriander. Man kann die Pflanzen teilen und die Stücke weiterkultivieren.

## Anleitung

**01**
Töpfe verschiedener Größen mit torffreier Erde füllen. Die neuen Gefäße sollten mindestens zweimal so groß sein wie die alten.

**02**
Den Wurzelballen vorsichtig aus dem bisherigen Topf ziehen.

**03**
Die Wurzeln vorsichtig auseinanderziehen und den Ballen der Mutterpflanze in verschiedene Stücke teilen.

**04**
Die einzelnen Stücke jeweils in einen Topf setzen, andrücken und kräftig angießen. Sind die neuen Pflanzen angewachsen, können sie ins Hochbeet im Gewächshaus gesetzt und weiter gepflegt werden.

# Gießen: ein Überblick

**Die Art, wie wir unsere Pflanzen gießen, hat einen großen Einfluss darauf, wie gut sie wachsen. Zu viel oder zu wenig gießen kann genauso schädlich sein wie der falsche Zeitpunkt. Das gilt ganz besonders beim Anbau unter Glas.**

**In der Wachstumsphase** ist es am besten, die Erde durchdringend zu wässern und erst wieder zu gießen, wenn sie getrocknet ist.

Im Gewächshaus brauchen Pflanzen die ganze Zeit Aufmerksamkeit. Vor allem wenn sie in Töpfen stehen, sind sie von uns abhängig. Wasser und die Durchlässigkeit der Erde sind entscheidende Faktoren. Das scheint offensichtlich, aber Pflanzen im Gewächshaus bekommen keinen Regen ab. Stattdessen sind wir Gärtner gefragt. Wir müssen unsere Instinkte benutzen, unsere Pflanzen beobachten, verstehen, was sie brauchen, und die Kunst des Gießens erlernen. Letzteres ist der Schlüssel zu gesundem Wachstum, denn die Zeichen, die Pflanzen senden, sind nicht immer offensichtlich.

## Gießen im Winter

Einer der häufigsten Fehler im Winter ist es, die Pflanzen mit zu viel Liebe in Form von Wasser zu »überschütten«. Pflanzen können Wasser nicht nutzen, wenn sie nicht wachsen. Werden sie zu oft gegossen, nehmen sie kein Wasser mehr auf und die Erde ist staunass. Das erzeugt anaerobe Bedingungen, die die Wurzeln schädigen und faulen lassen. Die Folge ist das Absterben der Pflanzen.

Besser ist es, in der Wachstumspause nur sparsam zu gießen. Im Zweifelsfall rate ich, eher nicht zu gießen. Es ist einfacher, eine welkende Pflanze wiederzubeleben, als eine von Staunässe geschädigte zu retten. Fühlt sich die Erde feucht an, braucht die Pflanze wahrscheinlich nicht gegossen zu werden.

## Gießen im Sommer

Im Sommer müssen die meisten Pflanzen täglich gegossen werden. Wassermangel in dieser Jahreszeit kann zu schlechtem Wuchs führen. Aber auch die Gefahr des Übergießens besteht noch, vor allem bei Jungpflanzen.

Bei vielen torffreien Erden fühlt sich die Oberfläche trocken an und sieht auch so aus. Steckt man aber den Finger in die Erde, fühlt sie sich feucht an. Die Pflanzen müssen dann nicht gegossen werden. Andererseits können Pflanzen im Sommer Stress durch Hitze haben. Das Laub fängt dann an zu welken. Doch auch das kann zu falschen Schlüssen führen. Meist ist es ein Zeichen von sehr hohen Temperaturen, nicht von Wassermangel. Gießt man die Pflanzen, obwohl es nicht nötig ist, verstärkt sich das Problem. Eigentlich erholen sie sich von selbst, sobald die Belüftung verstärkt wird und die Temperaturen sinken. Daher sollte die Feuchtigkeit in den Töpfen immer im Auge behalten werden. Gegossen wird nur, wenn es nötig ist.

Pflanzen mögen es nicht, dauernd tröpfchenweise Wasser zu bekommen. Das führt zu einem flachen und schlecht ausgebildeten Wurzelsys-

tem. Viel wirksamer ist es, die Erde während der Wachstumsphase durchdringend zu wässern und erst dann wieder zu gießen, wenn die Pflanzen das Wasser vollständig aufgenommen haben. So werden die Pflanzen gesünder und bilden ein tief reichendes Wurzelsystem.

## Leitungs- oder Regenwasser?

In Regionen mit hartem Wasser oder Wasser mit hohem pH-Wert kann das Trinkwasser zu Nährstoffmangel und zu Kalkflecken auf dem Blättern führen. Regenwasser ist weicher und hat einen neutraleren pH-Wert, was die Pflanzen weniger schädigt. Auch ist es nachhaltiger. Vor allem im Hochsommer kann im Gewächshaus jeden Tag eine große Menge Wasser benötigt werden. Um die Umwelt zu schonen, sollten wir mit Regentonnen und -tanks so viel Regenwasser wie möglich sammeln (S. 110).

Ist das Regenwasser aufgebraucht oder sind die Pflanzen noch sehr jung, kommt Leitungswasser zum Einsatz. Es enthält keine für Jungpflanzen schädlichen Bakterien. Sobald die Pflänzchen in 7-cm-Töpfen stehen, sind sie widerstandsfähig und die Bakterien aus dem Regenwasser richten keinen Schaden mehr an.

**Um im Winter nicht zu viel zu gießen,** prüft man mit dem Finger, wie feucht die Erde ist.
**Im Sommer** müssen die meisten Pflanzen, vor allem solche im Topf, täglich gegossen werden.

# Gießen: Wasser sammeln

Im Gewächshaus wird im Sommer viel Wasser benötigt, um die Pflanzen am Leben zu halten. Wasser ist kostbar und wer es sammelt, kann sich selbst versorgen. Mit Wasserbecken und Regentonnen an jedem Fallrohr können wir unter Glas umweltbewusst gärtnern.

In einer perfekten Welt würden wir Leitungswasser nur zum Gießen von Aussaaten und Jungpflanzen im Gewächshaus verwenden. Sobald sie robust genug wären, würden wir dann mit gesammeltem Regenwasser (S. 109) gießen. Es gibt aber einen Haken: Regenwasser kann hauptsächlich in den Wintermonaten gesammelt werden, wenn es nicht gebraucht wird. Im Hochsommer jedoch, wenn wir unsere Pflanzen regelmäßig gießen müssen, ist Regenwasser oft knapp.

Das Erfolgsgeheimnis ist, Regenwasser dann zu sammeln, wenn es viel davon gibt. In den regenreichen Monaten mag es zwar übertrieben wirken, mehrere Wasserbecken und Regentonnen im Garten stehen zu haben. In der Wachstumsphase ist man dann aber erstaunt, wie viel Wasser man sammeln konnte.

## Regentonnen anschließen

Zum Gewinnen von Regenwasser kommen alle Regenrinnen an Garagen und Schuppen infrage sowie die Dachflächen des Gewächshauses. Steht das Gewächshaus auf einer ebenen Fläche, verteilt sich das Wasser gleichmäßig auf die vier Ecken der Konstruktion. In so einem Fall wäre eine Regentonne oder ein Wasserbecken pro Ecke ideal. Sammelt man auf den Dachflächen des Wohnhauses Regenwasser, kommen noch größere Mengen zusammen. Aber nicht jeder mag den Anblick von Regentonnen und Wasserbecken rund ums Haus. Es ist eine persönliche Entscheidung, die man sorgfältig abwägen sollte. Regentonnen gibt es von den Gewächshausfirmen oder man kauft sie online, genau wie die Verbindungsrohre, die benötigt werden, um die Regenrinne des Gewächshauses an die Tonnen und Becken anzuschließen.

**Eine Regentonne** an jeder Ecke des Gewächshauses hilft beim Sammeln von Regenwasser, das aufs Dach fällt.

## Wasserbecken

Eine andere Möglichkeit ist, ein offenes Wasserbecken im Garten aufzustellen und es an ein Fallrohr anzuschließen, das von einer Dachrinne gespeist wird. Man kann solche Becken neu kaufen oder alte, verzinkte Fässer umnutzen. In den Becken ist das Wasser leicht zugänglich. Man braucht lediglich die Gießkanne hineinzutauchen. Das Befüllen geht so schneller als an einer Regentonne. Da man unzählige Male zwischen Becken und Pflanzen hin und her laufen muss, ist der Effekt deutlich spürbar.

Ein offenes Wasserbecken hat den zusätzlichen Vorteil, dass es Tiere anzieht und sie in Trockenphasen mit Wasser versorgt. Wer ein offenes Becken aufstellt, sollte jedoch unbedingt dafür sorgen, dass Tiere, die hineinfallen, auch wieder herauskommen können. Dazu legt man ein Metallblech oder ein Holzbrett als Rampe hinein, auf der Lebewesen aus dem Wasser und über den Rand des Beckens klettern können. Sie ertrinken dann nicht aus Erschöpfung. Wichtig: Bei offenen Wasserbecken können Mücken zum Problem werden. Abhilfe schaffen Netze, mit denen man die Becken abdeckt. Sie hindern die Mücken daran, ihre Eier ins Wasser zu legen.

## Tipp

Reinigen Sie Regentonnen und Wasserbecken im Spätsommer. Sonst reichern sich Pilze und Bakterien an, die zu Krankheiten führen können, die Menschen und Pflanzen schaden können.

**Ein offenes Becken** macht das Wasser zum Befüllen der Gießkanne leicht zugänglich. Regentonnen können direkt an die Regenrinnen des Gewächshauses angeschlossen werden.

# Gießtechniken

Ein **Gießrand** in der Erde um den Haupttrieb leitet Wasser direkt zu den Wurzeln.

**Wenn man sein Gewächshaus und die Pflanzen darin kennenlernt, entwickelt man eine gewisse Routine und ein Gespür für die Bedürfnisse der Pflanzen. Das Wissen darüber, was die verschiedenen Arten benötigen, bestimmt dann auch, wann und wie sie gegossen werden.**

Pflanzen im Gewächshaus werden am besten morgens gegossen. Sie haben dann den gesamten Tag Zeit, die Flüssigkeit für das Bilden von Stielen, Blättern, Früchten, Blüten und Wurzeln zu nutzen. Abends ist es für die Pflanzen wesentlich gesünder, trocken zu stehen. Besonders im Winter und im Vorfrühling ist das wichtig, denn dann sind die Pflanzen anfällig für Fäulnis.

Wer sowohl in Bodenbeeten als auch in Gefäßen gärtnert, muss die Pflanzen in Gefäßen viel öfter gießen als diejenigen im Boden, denn Letztere haben Zugang zu Wasser und Nährstoffen im Boden. Der Vorteil von Pflanzen im Topf ist jedoch, dass man die Feuchtigkeit der Erde steuern und die Pflanzen dadurch zur Blüte bringen kann. Einige Pflanzen wie Drehfrucht *(Streptocarpus)* oder Zitrusgewächse werden durch leichten Trockenstress dazu angeregt, Blüten und Samen zu bilden, denn sie möchten sich fortpflanzen, bevor die Bedingungen noch schlechter werden. Um Fäulnis zu vermeiden, können Pflanzen in Gefäßen zum Start und zum Ende der Wachstumsphase trockener gehalten werden.

## Wie man gießen sollte

Pflanzen brauchen das Wasser am Wurzelballen, nicht über den Blättern oder der Erde. Viele Pflanzen lieben hohe Luftfeuchtigkeit (s. nächste Seite). Viele werden durch nasses Laub jedoch anfällig für Botrytis und Fäulnis. Blätter können keine großen Wassermengen aufnehmen. Feuchtes Laub verbrennt oder wird krank. Durch das Gießen direkt an die Wurzeln können die Pflanzen das Wasser besser nutzen. Neue Aussaaten und Sämlinge, die nur feine Wurzeln haben, sollten in einen Untersetzer gestellt werden, aus dem sie das Wasser aufsaugen können. Um Pflanzen das Anwachsen in Boden-

## Grundausstattung

Gießkannen sind praktisch, denn man kann die Wassermengen damit gut dosieren. Mit einem Schlauch spart man Zeit, kann aber schlechter einschätzen, wie viel Wasser die Pflanzen bekommen. Halten Sie daher versuchsweise einen Schlauch für ein paar Minuten über einen Eimer. Sie werden verblüfft sein, wie schnell der Eimer sich füllt und wie stark Sie Ihre Pflanzen gegossen hätten.

beeten zu erleichtern, ist ein Gießrand hilfreich, also eine Vertiefung rund um den Haupttrieb. In diesem Graben sammelt sich das Wasser und wird zu den Wurzeln geleitet.

Auch Mulchen eignet sich, um die Verdunstung zu verringern und die Feuchtigkeit im Boden zu halten. Gleichzeitig werden Unkräuter unterdrückt und der Boden gedüngt. Auf feuchten und unkrautfreien Flächen bringt man dafür eine 5–10 cm dicke Schicht aus Mulchmaterialien wie Kompost, Holzhäckseln oder Laubkompost auf. Der beste Zeitpunkt ist direkt nach dem Pflanzen sowie in der Mitte der Wachstumsphase, falls die Erde zusammengesackt ist und die Wurzeln freiliegen.

## Pflanzen zusammenstellen

Pflanzen brauchen im Jahresverlauf unterschiedlich viel Wasser. Viele frühlingsblühende Zwiebelblumen sind im Sommer in einer Ruhephase und brauchen in dieser Zeit kaum oder kein Wasser. Dagegen sind Gurken- oder Melonenpflanzen im Sommer besonders durstig. Am besten stellt man Pflanzen mit ähnlichen Bedürfnissen zueinander. Das erleichtert das Gießen und es verhindert, dass man Pflanzen, die kein Wasser brauchen, aus Versehen gießt. Diese Methode eignet sich auch für das Erhöhen der Luftfeuchtigkeit (s. nächste Seite).

## Wassertemperatur

Das Wasser sollte die gleiche Temperatur haben wie die Umgebung der Pflanzen. Ich stelle im Frühjahr mehrere gefüllte Gießkannen unter die Tische meines Gewächshauses. Dann ist das Wasser in den Kannen wärmer als, wenn ich es frisch vom Wasserhahn oder aus einer Tonne im Freien holen würde. So bekommen meine Jungpflanzen keinen Schock durch zu kaltes Wasser.

**Hängekörbe** und Topfpflanzen brauchen mehr Wasser als Pflanzen im Boden. Sämlinge sollten in Untersetzer gestellt werden, aus denen sie Wasser aufsaugen können.

# Bewässerungssysteme

Automatische Bewässerungssysteme sind teuer, können aber von unschätzbarem Wert sein. Am effektivsten ist eine Tröpfchenbewässerung, bei der das Wasser durch Leitungen zu Düsen geleitet wird, die im Wurzelballen stecken. So bekommen die Pflanzen ausreichend Wasser und es geht wenig Feuchtigkeit verloren. Solarbetriebene Systeme sind leicht zu installieren (s. unten). Damit die Pflanzen genauso viel Wasser bekommen, wie für ihr Entwicklungsstadium wichtig ist, muss man die Bewässerungssysteme im Auge behalten.

Der Vorteil ist, dass man Tröpfchensysteme so auswählen kann, dass sie genau die Menge Wasser abgeben, die zu bestimmten Phasen des Jahres gebraucht wird. Tomatenpflanzen bilden zum Beispiel bessere Früchte, wenn sie den Sommer über gleichmäßig feucht gehalten werden.

Der Nachteil von Bewässerungssystemen ist, dass das Gespür des Gärtners für Veränderungen der Umwelt verloren geht. An heißen Tagen können wir nach Bedarf mehr gießen und Verdunstungskälte herstellen (s. unten), an kühleren Tagen weniger wässern. Im Frühling ist es morgens manchmal warm und trocken, die Nachmittage aber sind kühl und feucht. Eine automatische Bewässerung kann auf solche Bedingungen nicht so gut reagieren wie ein Gärtner.

Letztlich sind Bewässerungssysteme für manche Gärtner besser geeignet als für andere. Und der Grad der Technik ist so unterschiedlich wie der Kaufpreis.

# Befeuchten

Um das Gewächshaus zu befeuchten, werden der Boden und die Flächen unter den Regalen nass gemacht. Mit Ausnahme von Kakteen und Sukkulenten brauchen fast alle Gewächshauspflanzen den Sommer über eine hohe Luftfeuchtigkeit, um gesund zu wachsen. Durch sie werden die Temperatur und die Transpiration (der Wasserverlust) verringert. Gleichzeitig werden die Befruchtung und der Fruchtansatz gefördert, weil die Knospen angeregt werden, sich zu öffnen. Schädlinge wie Spinnmilben können durch das Befeuchten ferngehalten werden,

## Ein solarbetriebenes Bewässerungssystem installieren

Ein solches Bewässerungssystem braucht weder Wasser- noch Stromanschluss und kann leicht und schnell installiert werden.

**01**
Eine alte Flasche dient als Wasserspeicher. Bei Bedarf kann Flüssigdünger dazu gemischt werden. Das Solarmodul in die volle Sonne stellen.

**02**
Pumpe, Solarmodul und Bewässerungsschläuche an die Kontrollbox anschließen.

**03**
Düsen in die Wurzelballen pieksen.

01

02

03

**Das Befeuchten** ist für Pflanzen, die hohe Luftfeuchtigkeit mögen, unerlässlich.

denn bei hoher Luftfeuchtigkeit fühlen sie sich nicht wohl und vermehren sich weniger stark.

Wie sehr die Luftfeuchtigkeit erhöht wird, hängt davon ab, wie das Wetter ist. Im Hochsommer ist die Luft im Gewächshaus meist sehr trocken und sollte ein- bis zweimal täglich befeuchtet werden. Wichtig ist es, für die jeweiligen Pflanzen die richtigen Verhältnisse zu schaffen. Durch das Teilen des Gewächshauses (S. 46) oder das Zusammenstellen von Arten mit ähnlichen Ansprüchen wachsen die Pflanzen gut. Tomaten und andere Arten, die eine niedrigere Luftfeuchtigkeit und einen stärkeren Luftaustausch brauchen, pflanzt man möglichst in die Nähe der Türen. Auberginen, Gurken und Melonen lieben eine höhere Luftfeuchtigkeit. Man setzt sie möglichst weit weg von Türen oder großen Lüftungen. An solchen Stellen lohnt es sich, an warmen, sonnigen Tagen mehrmals täglich die Luftfeuchtigkeit zu erhöhen. Ich mache dies meist einmal am frühen Morgen und einmal am frühen Nachmittag. So ist die Luft zum Abend hin etwas trockener.

Welches Wasser zum Befeuchten genutzt wird, ist egal. Es sollte nicht mit den Blättern in Kontakt kommen, daher kann man Regenwasser, Leitungswasser und sogar Grau- oder Badewasser dafür verwenden. Die Blätter der Pflanzen sollten in sehr heißen Phasen jedoch nicht mit Wasser besprüht werden. Verbrennungen und Schäden wären die Folge. Durch das Befeuchten sollen die gewünschten Luftverhältnisse geschaffen werden, ohne dass die Pflanzen nass werden.

# Kompostieren

**Jeder, der Pflanzen in einem Gewächshaus egal welcher Form und Größe anbaut, hat auch zahlreiche Möglichkeiten zu kompostieren.**

Manchmal ist es möglich, den Kompost außerhalb des Gewächshauses in einem Bereich am Ende des Gartens unterzubringen. Es kann aber auch sein, dass man Garten- und Küchenabfälle im Gewächshaus sammeln muss oder möchte. Dafür gibt es verschiedene, platzsparende Lösungen. Dabei kann man zusätzlich Flüssigdünger gewinnen und manchmal sogar Wärme und Blumenerde produzieren. Beide Methoden, die hier vorgestellt werden, sind praktisch, um sowohl Küchenabfälle als auch den Grünschnitt von den Gewächshauspflanzen zu kompostieren.

## Wurmkompost

Beim Kompostieren von Küchen- und Pflanzenabfällen in einer Wurmkiste oder Wurmfarm entstehen ein Bodenverbesserer, den man im Gewächshaus nutzen kann, sowie Flüssigdünger (»Wurmtee«). Zum Einsatz kommt hierbei eine Mischung verschiedener Kompostwürmer (keine Regenwürmer), die die Abfälle fressen und sie ihn Kompost umwandeln. Die Würmer verzehren verschiedenste Reste wie Obst und Gemüseschalen, Pappe und Papier und kleine Mengen von Brot und Nudeln. Einige der Vorteile eines Wurmkomposts:

- Es entstehen weniger Küchenabfälle, da diese auf biologischem Weg wiederverwendet werden.
- Die Kompostierung geht schneller und zusätzlich entsteht ein nährstoffreicher Flüssigdünger.
- Wurmkompost kann unter Blumenerde gemischt werden. Sie enthält dann mehr nützliche Mikroorganismen und hat eine bessere Struktur.

Ein Wurmkompost braucht meist mehrere Monate, bis er reif ist. Außerdem ist wie so oft die Vielfalt der Abfälle entscheidend. Mindestens 25 Prozent der Materialien, die in den Wurmkompost kommen, müssen trockene, braune sein, also Pappe oder Papierschnipsel. Sie sorgen dafür, dass der Kompost belüftet bleibt. Rasenschnitt und große Laubmengen sollten nicht im Wurmkompost entsorgt werden. Der schnell verfügbare Ammoniak kann den Würmern schaden. Staunässe und Übersättigung sind ebenfalls ungünstig. Der Kompost sollte eher feucht als durchnässt sein.

## Vorteile eines Wurmkomposts im Gewächshaus

- Ganzjährig eine effektive Kompostierung, da die Würmer von 13–25 °C aktiv sind.
- Regelmäßige Wurmteegaben verbessern die Bodenfruchtbarkeit und fördern das Pflanzenwachstum. Gedüngt werden sollten Pflanzen, die bereits in mindestens 9-cm-Töpfen stehen, und zwar mit einer Verdünnung von 1:10. Aussaaten und Stecklinge sollten nicht gedüngt werden.
- Ein Wurmkompost ist eine nachhaltige Art des Wiederverwertens von Küchen- und Pflanzenabfällen im Gewächshaus.

# Einen Wurmkomposter nutzen

Montieren Sie den Wurmkompostbehälter mit Ablasshahn, Sammelbehälter, Deckel und Arbeitsebenen entsprechend der Anleitung des Herstellers. Nehmen Sie sich Zeit, die Anleitung zu lesen, und überprüfen Sie, bevor Sie den Behälter mit Würmern und organischem Material füllen, ob er sicher montiert ist. Kaufen Sie die Würmer von einem Fachbetrieb.

Die erste Ebene über dem Sammelbehälter für die Flüssigkeit zur Hälfte mit der vorgequollenen Erde füllen. Die Würmer in den Behälter setzen. Sie wandern aus dem Licht in die Erde. Den Deckel des Wurmkomposters geöffnet lassen, damit sie nach unten wandern.

**01**
In den obersten Behälter des Wurmkomposters eine etwa 8 cm dicke Schicht aus Küchenabfällen, Gartenabfällen und etwa 25 Prozent braunem Kompostmaterial füllen.

**02**
Nun beginnen die Würmer, sich durch die Abfälle zu fressen. Werden die Abfälle nicht verbraucht, in den nächsten Tagen kein weiteres Material einfüllen.

**03**
In regelmäßigen Abständen Flüssigdünger abzapfen und 1:10 mit Wasser verdünnen. Damit können Pflanzen in mindestens 9 cm großen Töpfen gedüngt werden. Nach einigen Monaten sammelt sich der reife Kompost im untersten Behälter.

**Man befüllt** den Wurmkomposter öfter und mit kleinen Mengen. So sind die Würmer nicht überfordert, werden aber gleichmäßig versorgt.

01

02

03

## Heißkompostierung

Bei der Heißkompostierung beschleunigen Sauerstoff, Bakterien und Hitze die Zersetzung von Küchen- und Pflanzenabfällen. Wärme ist ein natürliches Nebenprodukt der Zersetzung. Spezielle Heißkompostierbehälter haben doppelte Wände, die die Wärme im Inneren halten. Durch ein Ventil im Deckel wird sie langsam abgegeben. Im Winter ersetzen die Wärme und der Dampf des Komposts die Gewächshausheizung und halten die Temperaturen über dem Gefrierpunkt.

Mit dieser Methode der Kompostierung können mehr Abfallarten verwertet werden als im Wurmkompost und es geht schneller. Sogar Essensreste und ausdauernde Unkräuter werden durch die hohen Temperaturen darin zersetzt. Nach 30–90 Tagen ist der Kompost reif. Je länger das Material im Behälter bleibt, desto feiner wird der Kompost.

Wie beim Wurmkompost entsteht als Nebenprodukt des Heißkomposts Flüssigdünger. Diesen kann man 1:10 mit Wasser verdünnen und damit Gewächshauspflanzen stärken und gesund halten.

Ein Heißkompost muss nicht gewendet werden. Es müssen aber regelmäßig Holzhäcksel, Pappe oder Papierschnipsel untergemischt werden, damit der Haufen belüftet bleibt. Wie beim Wurmkompost sollte den Grünabfällen etwa 25 Prozent Pappe oder andere holzige oder braune Materialien untergemischt werden.

## Vorteile der Heißkompostierung

- Zitrusschalen, Zwiebeln und große Laub- und Unkrautmengen können kompostiert werden.
- Kleine Mengen an ausdauernden Unkräutern können kompostiert werden.
- Die entstehende Wärme kann im Winter die Gewächshausheizung ersetzen.
- Mit Holzhäckseln bleibt der Haufen belüftet und braucht nicht gewendet zu werden.
- Es entsteht Flüssigdünger für die Gewächshauspflanzen.
- Heißrottebehälter sind unauffällig.

**In der Heißrotte** können verschiedene Abfälle verwertet werden. Die Zersetzung geht sehr schnell.

# Einen Heißrottebehälter nutzen

Den Behälter entsprechend der Herstellerhinweise aufbauen. Bevor organisches Material eingefüllt wird, sicherstellen, dass die Teile gut verbunden sind.

**01**
Als unterste Schicht leicht zersetzbare und gut verdauliche Materialien wie Obst- und Gemüseschalen, Rasenschnitt sowie zur Belüftung Holzhäcksel und Papierschnipsel dazumischen.

**02**
Den Behälter zwei- bis dreimal wöchentlich mit gemischten Abfällen befüllen. Dabei nie ganze Lagen einfüllen, sondern die Abfälle vorher mischen. Da die Materialien mit der Zeit zusammensacken, muss laufend Material nachgefüllt werden.

**03**
Damit die Mischung belüftet bleibt, 25 Prozent Holzhäcksel, Pappe oder Papierschnipsel dazugeben. Mit einem Thermometer die Temperatur im Inneren des Haufens im Blick behalten. Fällt sie, bringt ein Eimer frisch geschnittenes Gras den Zersetzungsprozess wieder in Schwung.

**04**
Hat der Behälter einen Ablasshahn, kann überschüssige Flüssigkeit abgelassen werden. Sie kann 1:10 mit Wasser verdünnt und als Flüssigdünger für Pflanzen in mindestens 9-cm-Töpfen verwendet werden. Alle 30–90 Tage Kompost entnehmen.

# Bestäubung

**Die Mehrheit der Pflanzen wird entweder durch den Wind oder durch Insekten bestäubt. Im Gewächshaus funktioniert beides meist nicht. Möchten wir, dass unsere Pflanzen Früchte tragen, müssen wir die Bestäubung fördern.**

Manche Pflanzen wie Nüsse und Weizen werden wegen ihrer Samen angebaut. Die meisten Gewächshauskulturen (zum Beispiel Tomaten, Zitrus und Paprika) werden jedoch angebaut, weil sie köstliche Früchte haben – auch sie sind ein Ergebnis der Bestäubung bzw. Befruchtung. Durch die Befruchtung entwickeln die Blüten Früchte, die den Pflanzen zur Vermehrung dienen. Denn in den Früchten sitzen die Samen, aus denen die nächste Pflanzengeneration wächst. Der Fruchtansatz ist eine Folge des Pollenaustauschs zwischen Pflanzen. Pflanzen mit verdickten Wurzeln wie Möhren oder solche, die wie Salate ihrer Blätter wegen angebaut werden, müssen vor der Ernte nicht bestäubt werden.

## Selbstbestäubung fördern

Blüten haben männliche Blütenorgane, die Staubblätter, und weibliche, die man als Narben bezeichnet. Bei einigen Pflanzen sitzen in derselben Blüte männliche und weibliche Organe. Bei Gurken und anderen Pflanzen sind männliche und weibliche Blüten getrennt.

Viele Gewächshauspflanzen sind bis zu einem gewissen Maß selbstbestäubend. Die Luftbewegung im Gewächshaus trägt den Pollen von den Staubgefäßen zur Narbe anderer Blüten. Damit die Bestäubung und Befruchtung gefördert wird und die Ernte möglichst groß ausfällt, muss ein wenig zusätzlich bestäubt werden. Bei Tomaten, Auberginen und Paprika reicht es, die Pflanzen anzutippen oder zu schütteln. Gurken, Melonen, Erdbeeren, Aprikosen und Pfirsiche brauchen zusätzliche Unterstützung bei der Bestäubung. Diese kann von Hand übernommen werden oder durch Insekten. Erdbeeren und Steinobst blühen im Gewächshaus zum Winterende. Zu dieser Zeit ist es meist kalt und bestäubende Insekten sind noch nicht aktiv. Damit wir später ernten können, müssen wir jetzt eingreifen.

## Bestäubung von Hand

Um Gewächshauspflanzen von Hand zu bestäuben, muss lediglich der Pollen vom männlichen Organ der Pflanze zum weiblichen gelangen. Diese können an derselben oder auf benachbarten Blüten sitzen. Wenn man Aprikosen und Erdbeeren selbst bestäuben will, ahmt man mit einem kleinen weichen Pinsel das Verhalten eines bestäubenden Insekts nach. Dafür streicht man vorsichtig über die Staubblätter der Blüte und streift dann die Pollen an der weiblichen Narbe ab. Um eine möglichst hohe Bestäubungsrate zu erzielen, wird das Bestäuben mit dem Pinsel über den Zeitraum von ein bis zwei Wochen mehrmals wiederholt.

**Die Bestäubung** wird gefördert, indem man Insekten zu den Pflanzen lockt oder mit einem kleinen Pinsel den Pollen auf die Narbe überträgt.

## Bestäuber ins Gewächshaus locken

Eine andere Möglichkeit, die Bestäubung zu fördern, ist es, Bienen, Nachtfalter und Schmetterlinge ins Gewächshaus zu locken. Offene Lüftungsklappen und Türen dienen ihnen als Einlass. Gleichzeitig fördert die leichte Luftbewegung die Bestäubung und verbessert die Pflanzengesundheit, denn sie schützt vor Botrytis und Fäulnis. Eine große Vielfalt insektenfreundlicher Pflanzen im und um das Gewächshaus zieht ebenfalls Bienen und andere Insekten an. Hummelvölker kann man online kaufen. Sie werden genutzt, um die Bestäubung in großen Gewächshäusern zu fördern oder um Gärten zu bereichern, die sonst eher artenarm sind.

Es ist auch wichtig, den Bestäubern Wasser zum Trinken zu bieten. Zum Beispiel kann man Regenwasser in offenen Becken sammeln. Auch eine mit Wasser gefüllte kleine Schale hilft den Insekten während der heißen Tage. Ein Stein im Becken oder in der Schale sorgt dafür, dass sie wieder herausklettern können, sollten sie ins Wasser fallen.

# Pflanzenschutz

**Die geschützte Umgebung unter Glas bietet einigen Schädlingen und Krankheiten beste Bedingungen und sie treten hier häufiger auf. Die Redewendung »Vorbeugen ist besser als heilen« ist deshalb im Gewächshaus sehr passend.**

Die Bedingungen in einem Gewächshaus fördern eine Vielzahl von Schädlingen und Krankheiten. Es ist dort wärmer und die Pflanzen wachsen schneller, was bedeutet, dass sie viele weiche junge Triebe haben, die bei Schädlingen sehr beliebt und für Krankheiten anfällig sind. Gute Pflege und genaues Beobachten sind ebenso wichtig wie eine gesunde Umgebung.

## Natürliche Gegenmittel

Früher wurden Schädlinge und Krankheiten unter Glas bekämpft, indem man ein steriles Umfeld schuf und sie aus dem Gewächshaus verbannte, ohne einen Unterschied zwischen Schädlingen und Nützlingen sowie Bestäubern zu machen. Heute setzt man im modernen Gartenbau auf integrierten Pflanzenschutz mit Nützlingseinsatz. Denn die alte Methode ist nicht die gesündeste.

Chemische Pflanzenschutzmittel sind nicht mehr beliebt. Schließlich werden Gewächshäuser oft dafür genutzt, Lebensmittel anzubauen, und wir sollten genau darauf achten, welchen Mitteln wir unsere Pflanzen aussetzen. Auch wissen wir heute mehr darüber, welche Schäden Pestizide in der Umwelt anrichten. Inzwischen hat es sich bewährt, Schädlinge und Krankheiten mithilfe des biologischen Pflanzenschutzes zu bekämpfen.

## Pflanzen gesund halten

Gestresste Pflanzen, die regelmäßig austrocknen oder sehr dicht und feucht stehen, sind anfälliger für Schädlinge und Krankheiten. Wie wir Menschen können sie diese besser abwehren, wenn sie kräftig sind. Durch angepasstes Gießen, gute Belüftung und konsequentes Düngen bleiben die Pflanzen robust.

Ist der Pflanzenwuchs nicht beeinträchtigt, kann eine kleine Zahl Schädlinge im Gewächshaus toleriert werden. Sie dienen als Nahrung für Nützlinge, die gefördert werden sollen. So funktioniert der biologische Pflanzenschutz, den wir heute nutzen.

Werden im Gewächshaus Pflanzen in Töpfen befallen, geht der Schädlingsbefall oft automatisch zurück, wenn man die Pflanzen ins Freie stellt. Dort gibt es mehr natürliche Gegenspieler und die Schädlinge vermehren sich nicht so schnell.

## Methoden der Bekämpfung

Ist es nötig, einzugreifen, sollte die mechanische Bekämpfung der erste Schritt sein. Man streift die Schädlinge mit den Fingern von Blättern und Trieben oder setzt ein Spritzmittel auf Öl- und Seifenbasis ein (s. andere Seite). Alternativ kann man die Schädlinge durch ihre natürlichen Feinde eindämmen, statt sie vollständig zu bekämpfen. Nützlinge kann man online kaufen. Die Züchter geben Informationen, bei welchen Temperaturen und zu welcher Jahreszeit sie am effektivsten sind.

Das Verbreiten von Infektionen verhindert man, indem man die am schlimmsten befallenen Blätter entfernt. Eine gute Pflege mit Belüftung (S. 44), passender Gießtechnik (S. 112) und regelmäßiger Düngung macht die Pflanzen widerstandsfähig und sorgt im Gewächshaus für gesunde Bedingungen.

## Tipp

Setzen Sie Nützlinge abends ins Gewächshaus. Dann ist es kühler, die Türen und Lüftungen sind geschlossen und die Nützlinge bleiben im Gewächshaus. Haben sie ihre Nahrungsquelle erst einmal gefunden, ist es wahrscheinlich, dass sie das Gewächshaus nicht so schnell verlassen werden.

## Spritzmittel gegen Mehltau selber machen

1. 45 g Backpulver mit 4,5 l Wasser mischen.
2. 15 ml Pflanzenöl dazugeben.
3. Zwei Tropfen eines sanften Spülmittels dazugeben.
4. So viel Spritzmittel auf die Ober- und Unterseiten der Blätter sprühen, bis die Mischung von den Blättern abtropft.

**Bewährte Mittel** zum Vorbeugen gegen Schädlinge und Krankheiten sind (im Uhrzeigersinn von oben links): natürliche Feinde einsetzen, z. B. Laufenten gegen Schnecken, Nützlinge einsetzen, Spritzmittel auf Öl- oder Seifenbasis gegen Blattläuse, selbst gemachtes Mehltau-Spritzmittel.

# Schädlinge

Schädlinge durch eine gute Pflanzenpflege aus dem Gewächshaus fernzuhalten verspricht wesentlich mehr Erfolg als Schädlinge bekämpfen zu wollen, wenn sie sich bereits breit gemacht haben. Regelmäßiges Kontrollieren und schnelles Handeln wirken am besten.

## Blattläuse

Kleine saugende Insekten in Grün, Schwarz, Braun, Rosa oder Weiß. Die Kolonien sitzen meist an den weichen Triebspitzen, wo der Pflanzensaft gut erreichbar ist.

**Schadbild** Blattläuse können Viren übertragen und die Pflanze schwächen, wenn sie über längere Zeit an ihr saugen. Sie nehmen große Mengen Pflanzensaft und geben klebrigen Honigtau ab, auf dem sich Rußtaupilze ansiedeln. Dies beeinträchtigt die Fotosynthese.

**Bekämpfung** Damit sie sich nicht weiter vermehren, Kolonien mit der Hand entfernen oder regelmäßig mit einem Spritzmittel auf Öl- und Seifenbasis besprühen. Stärker befallene Pflanzen nach draußen stellen. Nützlinge können nur im Sommer eingesetzt werden.

**Blattläuse** sind saugende Insekten, die Honigtau hinterlassen, der Rußtaupilze fördert.

## Wollläuse

Saugende, weiße Insekten, die filzig aussehen. Ihre Körper scheiden eine wachsartige Substanz aus.

**Schadbild** Sie sitzen meist an Blättern und Trieben, vorwiegend an jungen Trieben und in Blattachseln. Anhaltender Befall führt zu verfärbten, verdrehten Blättern, die später abfallen, und zur Abgabe von Honigtau, auf dem sich Rußtaupilze ansiedeln.

**Bekämpfung** Regelmäßiges Kontrollieren und Bepinseln der Läuse mit Methylalkohol. Eine nicht chemische Methode ist das Abspritzen der Pflanzen mit einem scharfen Wasserstrahl.

## Spinnmilbe

Die Milben sehen wie kleine Spinnen aus und sitzen in großen Gruppen an den Triebspitzen. Wird der Befall stärker, sind die Blätter gesprenkelt oder verfärbt und es sind Gespinste zu sehen.

**Schadbild** Das Laub befallener Pflanzen verfärbt sich, die Fotosynthese ist nur noch eingeschränkt möglich und die Pflanze welkt und stirbt. Die Milben treten vorwiegend in den Hochsommermonaten auf.

**Bekämpfung** Das Erhöhen der Luftfeuchtigkeit verhindert das Ausbreiten. Durch regelmäßiges Spritzen eines Mittels auf Öl- und Seifenbasis wird der Schädling bekämpft. Stark befallene Pflanzen sollten aus dem Gewächshaus geräumt werden. Im Freien erholen sie sich manchmal, bei zu starkem Befall muss die Pflanze kompostiert werden. Zum Vorbeugen eines Befalls bei anfälligen Pflanzen wie Gurken, Melonen und Auberginen kann man die Luftfeuchtigkeit erhöhen.

**Wollläuse** (oben links) sitzen oft in Blattachseln, während Spinnmilben (oben) die namensgebenden Gespinste bilden.

## Schildläuse

Saugende Insekten, die man an ihrer braunen, wachsartigen Hülle erkennt. Sie sitzen meistens fest auf den Pflanzen und fressen durchgängig. Die Männchen können fliegen, die Weibchen bleiben auf der Pflanze und bilden Kolonien.

**Schadbild** Wie bei vielen saugenden Insekten werden Blätter und junge Triebe befallen. Sie geben Honigtau ab, auf dem sich Rußtaupilze ansiedeln. Dadurch kann das Wachstum gehemmt sein und die Pflanzen sehen unattraktiv aus. Früchte werden selten befallen.

**Bekämpfung** Kolonien mit Methylalkohol bestreichen. Die regelmäßige und anhaltende Behandlung ist die einzige Chance, die Läuse zu bekämpfen. Schildläuse befallen besonders gerne Zitruspflanzen (S. 184).

## Trauermücken

Die Larven können junge Sämlinge stark schädigen. Wenige adulte Tiere stören zwar kaum, doch sie können sich vermehren und Larven bilden.

**Schadbild** Die weißen Larven leben in der Erde und im Kompost. Dort ernähren sie sich von Wurzelhaaren und den Wurzeln von Sämlingen, die dann welken und absterben.

**Bekämpfung** Trauermücken werden von zu feuchter Blumenerde angezogen. Gelbtafeln eignen sich zum Monitoring der adulten Tiere. Wichtiger ist aber, durch das gleichmäßige Feuchthalten der Erde den Befall einzudämmen, denn die Larven entwickeln sich am liebsten auf übergossenen oder zu wenig gegossenen Pflanzen.

## Schnecken

Weichtiere, die Pflanzen fressen.

**Schadbild** Ungleichmäßige Fraßstellen an verschiedenen Pflanzenteilen, auch an den Früchten. An Jungpflanzen und Sämlingen kann der Schaden tödlich sein. Die Tiere sind meist nachtaktiv.

**Bekämpfung** Regelmäßige Pflanzenpflege und das Absammeln der Eier hält die Population klein. Bierfallen und Grapefruitschalen locken tagsüber Schnecken an, die man dann entsorgen kann. Eine andere Möglichkeit ist es, sie an warmen, feuchten Abenden einzusammeln und zu entsorgen oder in einiger Entfernung vom Garten wieder auszusetzen.

## Dickmaulrüssler

Befällt Garten- und Gewächshauspflanzen. Die weißen Larven verursachen besonders starke Schäden, denn sie befallen die Wurzeln. Die Käfer hinterlassen den charakteristischen Buchtenfraß an den Blatträndern. Sie können nicht fliegen.
**Schadbild** Die Larven fressen vor allem an den Wurzeln von Pflanzen in Töpfen. Diese wachsen nicht mehr. Triebe und Blätter welken und sterben ab.
**Bekämpfung** Regelmäßiges Kontrollieren auf Fraßstellen an den Blättern und geschwächte Pflanzen. Damit adulte Tiere wenig Versteckmöglichkeiten finden, ist es sinnvoll, das Gewächshaus sauber und frei von Pflanzenabfällen zu halten. Pflanzen nicht übergießen, denn in der feuchten Erde können sich die Larven gut zwischen den Wurzeln bewegen. Von Frühjahr bis Herbst können zur Bekämpfung Nematoden ausgebracht werden, was vor allem bei Topfpflanzen wirkungsvoll ist. Am besten jährlich vorbeugend ausbringen.

## Mottenschildlaus

Kleine saugenden Insekten, die meist an der Blattunterseite sitzen. Beim Berühren befallener Pflanzen steigen Schwärme der kleinen weißen »Fliegen« auf.
**Schadbild** Mottenschildläuse scheiden Honigtau aus, worauf sich auf der Blattoberseite Rußtaupilze ansiedeln. Die Fotosynthese ist in der Folge eingeschränkt und die Pflanzen wachsen schlechter. Tomaten und Gurken sind besonders anfällig, aber auch viele andere Gewächshauspflanzen.
**Bekämpfung** Regelmäßiges Besprühen mit Spritzmitteln auf Öl- und Seifenbasis ab dem ersten Hinweis auf einen Befall verhindert starke Vermehrung. Als Nützling können Schlupfwespen eingesetzt werden. Sie brauchen allerdings höhere Temperaturen.

## Asseln

Tiere mit festem Panzer und bis zu sieben Beinpaaren. Man findet sie oft unter Laub oder in anderen zersetzten organischen Materialien.
**Schadbild** Abfressen von Sämlingen bis über dem Boden. Andere Pflanzenteile werden ebenfalls angefressen. Die größten Schäden entstehen nachts, tagsüber sitzen die Tiere unter Pflanzenresten, Blumentöpfen, Steinen oder Saatschalen.
**Bekämpfung** Sauberhalten des Gewächshauses. Vermeiden von größeren Haufen von Pflanzenresten und Stapeln von Blumentöpfen, damit die Asseln keine Plätze zum Verstecken und Vermehren finden. Sie lieben Lebensmittel wie Käse und Zucker. Platziert man kleine Mengen davon neben einen umgedrehten Blumentopf, kann man sie umsiedeln oder entsorgen.

**Mottenschildläuse** sammeln sich an der Unterseite der Blätter und saugen Pflanzensaft.

# Krankheiten

Ein sauberes Gewächshaus und kräftige, gesunde Pflanzen sind beste Voraussetzungen dafür, Krankheiten fernzuhalten.

## Grauschimmelfäule

Bildet auf Trieben, Knospen und Blüten einen grauen Rasen, der zum Absterben und zu Verfärbungen führt.
**Schadbild** Der Pilz lässt das Gewebe von Blättern, Trieben und Knospen faulen.
**Bekämpfung** Eine gute Gewächshaushygiene, verstärktes Belüften und ein weiter Stand der Pflanzen. Befallenes Gewebe sofort entfernen, damit der Pilz sich nicht weiter ausbreitet.

## Echter Mehltau

Weißliches Pilzmyzel mit pudrigem Aussehen, das die Blattoberfläche überzieht, sich dann auf Triebe und Knospen ausbreitet.
**Schadbild** Verfärbte und verkrüppelte Triebe, gehemmter Wuchs und schließlich Absterben der Pflanze.
**Bekämpfung** Verstärkt Lüften und die Luftfeuchtigkeit erhöhen. Befallene Blätter entfernen und einen entsprechenden Dünger geben, der neues Wachstum anregt und die Pflanze stärkt. Vorbeugend spritzen (S. 123).

## Rußtaupilze

Schwarzer oder brauner Belag auf den Blattoberseiten, der sich auf den Ausscheidungen verschiedener saugender Insekten ausbreitet.
**Schadbild** Verursacht keinen direkten Schaden, aber die verringerte Fotosyntheserate macht sich bemerkbar.
**Bekämpfung** Saugende Schädlinge bekämpfen und den Pilzbelag von den Blättern waschen, um die Fotosynthese zu erleichtern. Regelmäßiges Düngen zur Stärkung der Pflanzen, die dann neue Blätter bilden.

**Krankheiten** wie Grauschimmelfäule (oben) und Echter Mehltau (rechts) können Pflanzen zum Absterben bringen.

# Pflanzen fürs Gewächshaus

# Nutzpflanzen

Die Auswahl an Nutzpflanzen, die im Gewächshaus gezogen werden können, ist riesig und reicht von schnell wachsenden exotischen Kulturen, die die Sommerwärme lieben, bis zu langsamer wachsenden, die dankbar für den Schutz vor Regen und kalten Temperaturen im Winter sind.

Einer der Hauptbeweggründe, dieses Buch zu schreiben, war es, zeigen zu können, wie man so viele Kulturen wie möglich im Gewächshaus anbauen kann. Selber Nahrungsmittel anbauen zu wollen ist mehr als eine ökonomische Entscheidung - ehrlich gesagt spart man nicht wirklich viel. Ein echter Gewinn ist jedoch der im Vergleich zu Obst und Gemüse aus dem Supermarkt intensive Geschmack und das Wissen, wie die Nahrung produziert wurde. Das sind die wahren - und guten - Gründe, sich entsprechend der Jahreszeit aus dem Gewächshaus ernähren zu können.

## Was soll angebaut werden?

Für das eigene Gewächshaus hat man Vorstellungen, was man dort anbauen möchte und was nicht. Wer Tomaten besonders gerne mag, kann es sich gönnen, verschiedenste Sorten von Cherry-, Fleisch-, Strauch- und Stabtomaten anzubauen. Sollen viele verschiedene Kulturen mit unterschiedlichen Bedürfnissen angebaut werden, kann das herausfordernd sein. Unterteilt man das Gewächshaus in verschiedene Bereiche, ist es möglich, einige wärmer und feuchter, andere trockener und stärker belüftet zu halten (S. 46)

## Einfache Kulturen für Anfänger

- Kräuter (S. 132)
- Blattsalate (S. 136)
- Tomaten (S. 140)
- Zitronengras (S. 168)
- Ingwer (S. 172)
- Erdbeeren (S. 176)

**Die Fleischtomate** 'Costoluto Fiorentino' hat große Früchte und eignet sich für das Gewächshaus.

## Kulturen für Fortgeschrittene


- Auberginen (S. 146)
- Chili und Paprika (S. 150)
- Gurken (S. 156)
- Melonen (S. 156)
- Süßkartoffeln (S. 164)
- Pfirsiche (S. 180)
- Aprikosen (S. 180)
- Zitrusfrüchte (S. 184)

Wer gerade erst mit dem Gärtnern im Gewächshaus anfängt, dem empfehle ich mit wenigen Kulturen zu beginnen, die man gerne mag. Mit der Zeit entwickelt man ein Gefühl fürs Gießen (S. 112) und die Belüftung (S. 44) und wird erfahrener. Fühlt man sich dann schon sicherer im Anbau von Nutzpflanzen und im Umgang mit dem Gewächshaus, kann man weitere Kulturen ausprobieren und wenn der Spaß und das Wissen wächst noch mehr unterschiedliche Arten anbauen.

## Ganzjährige Kulturen

Da die Vielfalt an Nutzpflanzen, die sich für den Anbau im Gewächshaus eignen, groß ist, besteht kein Grund, dort nur im Sommer aktiv zu sein. Fangen Sie gar nicht erst an, das Gewächshaus im Winter als Abstellfläche für Grills und Möbel zu nutzen und nach dem Freiräumen im Frühjahr dort ein paar Tomaten und Paprika zu ziehen.

Die vorgestellte Vielfalt an Nutzpflanzen und vor allem solchen, die im Winter und Frühling im Gewächshaus angebaut werden können, soll als Ermutigung dienen, das Haus alle zwölf Monate des Jahres zu nutzen. Ein gut erreichbarer Standort hilft, ganzjährig in den Genuss der Pflanzen im Gewächshaus zu kommen.

**Beliebt fürs Gewächshaus** sind die Gurke 'Telegraph Improved' (oben) oder die Erdbeersorte 'Cambridge Favourite' (rechts).

# Kräuter

**Mediterrane Kräuter lieben warme, durchlässige Standorte, die man im Gewächshaus sehr einfach schaffen kann. Der Schutz vor winterlichen Niederschlägen und die im Sommer teilweise sehr hohen Temperaturen machen Gewächshäuser zu idealen Orten für den ganzjährigen Anbau von mediterranen Kräutern.**

Die Auswahl an leckeren Kräutern für den Anbau im Gewächshaus ist zu jeder Jahreszeit groß. Im Winter sorgt das Haus für Windschutz und zusätzliche Wärme, sodass man dort frische Petersilie und Minze schon früher ernten kann, als es draußen möglich ist. Im Sommer ist es im Gewächshaus noch wärmer als im Freien, was zum Beispiel dem Basilikum besonders gut bekommt und es zum kräftigen Wachstum anregt. Basilikum ist eine perfekte Begleitpflanzen für Tomaten.

## Petersilie

Petersilie kann im Schutz des Gewächshauses ab Januar ausgesät werden. Kauft man im Supermarkt Töpfe und stellt sie in Gefäße oder Hochbeete im Gewächshaus, kann man den Winter über ernten, spart Zeit und hat schnelle Erfolge. Geerntet werden kann dann bis zum Spätfrühling.

Dafür nimmt man die Petersilienpflanze aus dem Topf und setzt sie mit 20 cm Abstand zwischen den Pflanzen in torffreie Erde. Anschließend wird durchdringend gegossen, auch später darf die Erde nicht austrocknen. Wird es wärmer und das Wachstum kräftiger, sorgen wöchentliche Düngergaben dafür, dass sich neue Triebe bilden, die Pflanzen aber nicht vorzeitig blühen. Ist es heiß und trocken, beginnt Petersilie Blüten zu bilden. Man nimmt sie dann aus der Erde, kompostiert sie und ersetzt sie durch Kulturen, die besser an die Wärme im Sommer angepasst sind. Hält man sie feucht und kühl, wachsen Petersilienpflanzen problemlos und müssen nicht vor Ende April oder Mai ersetzt werden. Im Sommer zieht man Petersilie besser im Freien in Töpfen oder direkt im Beet.

**Petersilie aus dem Supermarkt** kann man ins Hochbeet setzen und lange Zeit ernten.

## Minze

Im Herbst ist die Erntezeit der Minze normalerweise vorüber. Man kann die Pflanzen jedoch teilen und die Stücke einzeln topfen.

## Minze teilen

Stellt man die neu gewonnenen Pflanzen ins unbeheizte Gewächshaus, kann man im Spätwinter und Vorfrühling ernten.

## Anleitung

**01**
Eine Minze-Pflanze aus dem Beet graben oder aus dem Topf ziehen.

**02**
Mit einer Gartenschere den Wurzelballen in kräftige, faustgroße Stücke teilen. Wahrscheinlich sind frische Triebe zu sehen, die aus der Erde wachsen, und frische weiße Wurzeln.

**03**
Jedes Gefäß mit Abzugslöchern ist zum Bepflanzen mit Minze geeignet. Dafür bis fast zum Rand mit torffreier Erde füllen und je nach Größe des Gefäßes einen oder mehrere Teile der Minze-Pflanze eingraben.

**04**
Die Erde um die Pflänzchen mit den Fingern leicht andrücken, sodass die Erde 2,5 cm tiefer als der Rand des Gefäßes ist. So ist Platz für das Gießwasser.

**05**
Den Topf mit den neuen Minze-Pflanzen an einen hellen Platz im unbeheizten Gewächshaus stellen und kräftig angießen, damit die Erde sich setzt. Regelmäßig gießen, damit der Wurzelballen nie austrocknet, aber Staunässe vermeiden, sonst fault die Pflanze. Ab dem Winter bis zum Spätfrühling kann die Minze frisch geerntet werden. Danach kann der Topf ins Freie gestellt werden, wo die Pflanze weiterwächst und im Sommer erneut beerntet werden kann. Eine wöchentliche Düngergabe hält die Minze gesund.

01

02

03

04

05

## Koriander

Koriander ist ein herrlich schmeckendes Kraut, das im Spätfrühling und Frühsommer geerntet wird. Die Pflanzen kann man im Winter und Vorfrühling im Gewächshaus vorziehen. Dafür werden zwei bis drei Samen in Anzuchttöpfe mit torffreier Erde gelegt und dünn mit Vermiculit oder gesiebter Erde abgedeckt. Anschließend werden sie bis zur Keimung ins frostfrei gehaltene Gewächshaus gestellt. Für kontinuierliche Ernte kann Koriander alle vier Wochen ausgesät werden.

Die Pflänzchen können für eine frühe Ernte ins unbeheizte Gewächshaus oder geschützt in den Garten gestellt werden. Im Garten schützt man sie mit einer Pflanzglocke und kann etwas später ernten als im Gewächshaus. Sobald die Korianderpflanzen Samen oder Blüten gebildet haben, können sie als Schnittblumen verwendet werden oder man kompostiert sie. Es ist auch möglich, Pflanzen aus dem Supermarkt zu teilen und zu kultivieren (S. 107). Wie viele Blattkräuter bildet auch Koriander mehr Blätter und blüht später, wenn er mehr Platz und weniger Konkurrenz hat.

**Von den Koriandersamen** alle vier Wochen zwei bis drei pro Anzuchttopf aussäen.

## Basilikum

Es gibt mehrere Möglichkeiten, Basilikum fürs Gewächshaus und für Töpfe zu ziehen. Man legt einige Samen in Anzuchttöpfe mit torffreier Erde und bedeckt sie dünn mit Vermiculit oder gesiebter Erde. Die Samen keimen zu einem Pflanzengrüppchen, die sich getopft oder in Hängekörben oder Pflanzgefäßen im Gewächshaus wohlfühlen, sobald es dort im Hochsommer wärmer wird. Auch im Freien wachsen sie gut.

**Im Hängekorb** wächst Basilikum den Sommer über.

Basilikum aus dem Supermarkt kann direkt in Hochbeete oder Töpfe im Gewächshaus gepflanzt werden. Es verträgt aber keine Kälte, sodass man möglichst bis Ende April damit wartet. Eine andere Möglichkeit ist es, Stecklinge von Supermarktpflanzen in Wasser bewurzeln zu lassen (s. andere Seite).

## Basilikum-Stecklinge

Mit dieser einfachen Methode entstehen aus einem günstigen Basilikum aus dem Supermarkt viele gesunde Pflanzen.

# Anleitung

**01**
Mehrere 10 cm lange Stängel kurz unter einer Blattachsel abschneiden.

**02**
An der unteren Hälfte der Stängel die Blätter mit einer Schere entfernen. So hängen die Blätter nicht ins Wasser, wo sie faulen würden.

**03**
Basilikum-Stecklinge in ein mit Wasser gefülltes Glas stellen. Das verbliebene Laub sollte oberhalb des Wassers sein. Das Glas auf eine helle Fensterbank ohne direkte Mittagssonne stellen. Wasser nach ein paar Tagen wechseln, damit sich keine Bakterien anreichern.

**04**
Sobald sich am unteren Ende der Stecklinge Wurzeln gebildet haben, in 9-cm-Töpfe mit torffreier Erde pflanzen und gut angießen.

**05**
Das Umsetzen der Stecklinge vom Wasser in die Erde kann in den ersten Tagen herausfordernd sein. Stellt man die frisch getopften Pflänzchen in eine wassergefüllte Schale, bleibt die Erde die ganze Zeit feucht und die Pflänzchen können neue Wurzeln bilden. Nach einigen Tagen die Töpfe ohne Untersetzer ins Gewächshaus oder auf die Fensterbank stellen. Die Mutterpflanze umtopfen, damit sie weiterwächst und beerntet werden oder für das Schneiden weiterer Stecklinge genutzt werden kann.

# Blattsalate

**Abgepackte Salate sind wahrscheinlich eine der beliebtesten Waren, die es im Supermarkt zu kaufen gibt. Dabei ist Salat eine der Kulturen, die am leichtesten selber anzubauen ist, ganz unabhängig davon, wie groß das Gewächshaus ist.**

Der Anbau von winterharten Salaten ist eine perfekte Möglichkeit, das Gewächshaus zu einer Zeit zu nutzen, in der wegen niedriger Temperaturen und fehlendem Tageslicht kaum andere Kulturen gedeihen.

In den warmen Sommermonaten ist es im Gewächshaus wesentlich schwerer, Blattsalate anzubauen. Die Samen gehen schlecht auf und die Pflanzen leiden unter Stress und gehen in Blüte. Im Sommer baut man Salate daher am besten in Töpfen oder Beeten im Freien an. Wenn die Tage wieder kürzer werden und die Temperaturen sinken, ist das Gewächshaus wieder geeignet.

Schnittsalate sind leicht anzubauen und können über mehrere Monate geerntet werden, wenn man immer nur die äußeren Blätter pflückt.

**Salate,** die im Herbst ausgesät wurden, stehen bis zum Spätfrühling im Gewächshaus.

## Salate im Gewächshaus anbauen

Wintersalate wie Blattsenf, Winterkopfsalate und Spinat können in Anzuchtplatten vorgezogen oder direkt in Bodenbeete, Hochbeete oder Töpfe gesät werden. Im Gewächshaus funktioniert die Aussaat auch dann gut, wenn die Verhältnisse im Garten eher ungünstig dafür sind.

Sobald die Sommerkulturen aus dem Gewächshaus geräumt sind, sät man verschiedene Salatsorten in Anzuchtplatten und pflanzt sie, sobald sie groß genug sind, ins Boden- oder Hochbeet im Gewächshaus. Dort werden sie bis zur Ernte weiterkultiviert. Die meisten torffreien Universalerden sind für Blattsalate geeignet.

Im Winter, wenn die Tage kurz und die Temperaturen niedrig sind, wachsen die Pflanzen langsam, sodass man von Pflanzen, die im September ausgesät wurden, bis zum Vorfrühling ernten kann. Dann ersetzt man sie mit den Februar-Aussaaten. Wintersorten, die im September im Gewächshaus ausgesät wurden, können meist im Februar/März geerntet werden. Ich empfehle für den Anbau im Gewächshaus die Sorten 'Winter Density' und 'Arctic King'.

Ab dem Spätfrühling bis zum Sommer wachsen die Salate schnell und man sät alle zwei bis drei Wochen kleinere Mengen aus. Wenn Tomaten, Auberginen und Gurken im Spätsommer immer weniger Früchte liefern, sollten schon Platten mit Salatpflanzen bereit stehen.

## Anleitung

**01**

Anzuchtplatte mit torffreier Erde füllen und gut angießen. Die Erde setzt sich etwa 1 cm tief. So ist genug Platz für die Samen und das Abdecken mit Erde oder Vermiculit.

**02**

In jeden Topf zwei bis drei Samen auf die feuchte Erde legen.

**03**

Die Samen dünn mit gesiebter Erde abdecken. Ist die Erde ausgetrocknet, von unten wässern. Sind die Sämlinge zu sehen, die jeweils schwächsten mit der Schere abschneiden und nur den stärksten weiterkultivieren.

**04**

Sind die Sämlinge groß genug und wachsen die Wurzeln aus den Abzugslöchern, mit 20 cm Abstand ins unbeheizte oder frostfrei gehaltene Gewächshaus pflanzen. Die Erde sollte nährstoffreich und unkrautfrei sein. Als Startdüngung vor dem Pflanzen eine 5 cm dicke Schicht Kompost aufbringen und leicht in den Boden einarbeiten.

**05**

Gut angießen. Die Erde sollte im Winter feucht, aber nicht zu nass sein. Sonst kommt es zu Fäulnis und Krankheiten.

01

02

03

04

05

**Sind die Samen** gekeimt und haben ein zweites Blattpaar gebildet, sollte einmal wöchentlich gedüngt werden. So bleiben die Pflänzchen in Top-Form.

## Wintersalate

**Diese Salatarten können im Herbst ausgesät und den Winter über im ungeheizten Gewächshaus kultiviert werden:**

- Grünkohl (junge Blätter)
- Petersilie
- Erbsensprossen
- Kerbel
- Schnittlauch
- Asiasalate
- Feldsalat
- Blattsenf
- Mibuna
- Mizuna
- Rauke
- Rote Bete
- Winterkresse
- Pak Choi
- Kopfsalate (Wintersorten)

## Jungpflanzen pflegen

Salatpflanzen sind sehr witterungsempfindlich: Bekommen sie Licht, Wärme und Wasser, wachsen sie schnell. Sobald es wärmer wird, säe ich alle vier Wochen , sobald ich einen Satz Jungpflanzen gepflanzt habe, einen neuen Satz Frühlings- und Sommersalate. So entsteht ein Rhythmus von acht Wochen zwischen Aussaat und Auspflanzen.

Diese Salate können im Gewächshaus vorgezogen werden. Sobald die Jungpflanzen kräftiger geworden sind, werden sie im Frühbeet abgehärtet und dann nach draußen gesetzt, wo sie außer einer Pflanzglocke als Schutz keine Aufmerksamkeit brauchen. Salatpflanzen mit einem solchen Schutz können mehrere Wochen früher geerntet werden als solche ohne. Auf diese Weise können auch empfindlichere Kulturen angebaut werden, die sonst keine Chance hätten.

## Anleitung

**01**
Sobald die Frühlingssalate kräftig genug zum Auspflanzen sind, die Jungpflanzen im Frühbeet etwa eine Woche an die niedrigeren Temperaturen gewöhnen.

**02**
Die Jungpflanzen entlang einer gespannten Schnur in Reihen mit einem Abstand von 25 cm ins Hochbeet setzen.

**03**
Gut angießen und mit einem Pflanztunnel überspannen (S. 32). Bei Bedarf den Tunnel zum Gießen öffnen. Die Erde darf nicht austrocknen. Sie sollte immer feucht gehalten werden, damit der Wuchs nicht gebremst wird, aber auch nicht zu nass, da das Fäulnis und Krankheiten fördert.

01

02

03

## Ernten

Die meisten Salatsorten wachsen aus einem Herzen, also dem Punkt, an dem sich die Blätter entwickeln und neue entstehen. Um die Pflanzen möglichst lange ernten zu können, pflückt man nur die äußeren, größeren Blätter. Aus dem Wachstumspunkt in der Mitte der Pflanze bildet sich dann neues Laub. Wer laufend weiterernten möchte, sollte das Herz nicht entfernen.

Durch das regelmäßige Pflücken der äußeren Blätter kann mehr geerntet werden, als wenn man wartet, bis ein ganzer Kopf geschnitten werden kann. Wer lieber ganze Pflanzen ernten möchte, sät und pflanzt im Sommer alle vier Wochen neue Salate aus.

Legt man die Blätter vor dem Verzehr 20 Minuten ins Wasser, werden sie knackig und Schädlinge (auch kleinere Schnecken) werden an die Wasseroberfläche getrieben, wo man sie absammeln kann.

## Schädlinge

Im Winter gibt es im Gewächshaus weniger Schädlinge. Trotzdem heißt es, wachsam zu bleiben und auf Blattläuse zu achten. Wie alle saugenden Schädlinge sitzen sie an den jungen Trieben. Man kann sie mit den Fingern abstreifen oder wöchentlich mit einem Spritzmittel auf Öl- und Seifenbasis sprühen.

Schnecken lieben Salat, können aber einfach abgesammelt werden. Mit Bierfallen und Grapefruitschalen kann man sie anlocken und entsorgen.

**Geht der Salat** in Blüte, entfernen Sie diese. Wachsen die Pflanzen trotzdem nicht mehr gut, werden sie gerodet und ersetzt.

**Wintersalate** können in den kalten Monaten geerntet und durch eine Frühjahrskultur ersetzt werden.

# Tomaten

**Von der Sonne erwärmte, selbst angebaute Tomaten sind einer der größten Genüsse für Gewächshausgärtner. Sie entwickeln einen Geschmack, den gekaufte Früchte nie erreichen.**

**Stab-Fleischtomaten** passen sogar in kleine Anlehngewächshäuser.

Wenn wir überlegen, welche Gemüse wir im Gewächshaus anbauen könnten, denken wir meist als Erstes an Tomaten. Das Gewächshaus versorgt dieses Mitglied der Familie Nachtschattengewächse im Vorfrühling und Spätsommer mit zusätzlicher Wärme. So wird die Anbauzeit verlängert.

## Aussäen

Tomaten können leicht aus Samen gezogen werden, brauchen zur Keimung aber ein beheiztes Zimmergewächshaus oder ein sonniges Fensterbrett. Das gilt übrigens auch für frostfrei gehaltene Gewächshäuser, denn Tomaten brauchen zur Keimung etwa 20 °C.

Anfang März werden die Samen in 9-cm-Töpfe mit torffreier Erde gelegt und dünn mit Vermiculit oder gesiebtem Kompost abgedeckt. Sobald sie zuverlässig keimen, kann die Luftfeuchtigkeit im beheizten Zimmergewächshaus Fäulnis fördern (S. 97). Man entfernt daher zu diesem Zeitpunkt den Deckel, damit die Pflänzchen sich akklimatisieren können. Anschließend topft man sie einzeln in 9-cm-Töpfe.

## Pflanzen

Am üblichsten ist es, Tomaten in Hochbeeten, großen Gefäßen oder Pflanzsäcken anzubauen. Im Laufe des Sommers werden daraus große Pflanzen. Und auch wenn es verlockend erscheint, zwei Pflanzen zusammen in einen Topf zu quetschen: Ihre Wuchskraft würde darunter leiden.

Hochbeete bieten viel Wurzelraum und die Pflanzen trocknen nicht so schnell aus. Eine Gabe reifen Komposts vor der Pflanzung im Frühjahr fördert das Bodenleben und die Bodenfruchtbarkeit.

**Tomaten werden** Anfang März ausgesät und dann vereinzelt (ganz links).

**Hängend wachsende** Tomatensorten (links) eignen sich für Blumenampeln.

Tomaten können jedes Jahr an die gleiche Stelle gepflanzt werden. Werden die Pflanzen jedoch schwächer oder von Krankheiten befallen, kann es sinnvoll sein, die Erde auszutauschen oder für einige Jahre eine andere Kultur anzubauen. In dieser Zeit kann man Tomaten in Töpfen oder Pflanzsäcken anbauen.

Einzelne Fleisch- oder Cherrytomatenpflanzen kann man gut in Kübeln anbauen, wo sie keine Konkurrenz um Wasser und Nährstoffe haben. Es reicht, jedes Jahr die oberen 50 Prozent der Erde durch frisches torffreies Substrat zu ersetzen. Mit einer hängend wachsenden Sorte in einer Blumenampel kann man den Dachraum des Gewächshauses nutzen. Dann muss man allerdings sehr gut darauf achten, dass die Erde nicht austrocknet. Strauchtomaten eignen sich für große Töpfe. Das Laub darf nicht nass werden, da es sonst zu Botrytis und Krautfäule kommt.

Auch Pflanzsäcke sind gut für Tomaten geeignet. In breite Säcke können zwei, manchmal drei Pflanzen gesetzt werden. Allerdings brauchen sie dann mehr Nährstoffe und Wasser. In einen Pflanzsack passen drei Stab-Fleischtomatenpflanzen sogar in ein kleines Anlehngewächshaus, in dem man die Regale abgebaut hat.

Eine Tomatenpflanze mit gutem Wurzelsystem wächst in allen genannten Gefäßen schnell an. Ich säe sie im März aus und kann sie in der ersten Maihälfte pflanzen. Dann sind die Temperaturen stabiler und es drohen kaum noch Fröste.

## Tomaten pflegen

Stab- und Buschtomaten sowie hängend wachsende Sorten gedeihen in einer gut belüfteten, warmen und relativ trockenen Umgebung.

### Düngen

Sobald die einzelnen Pflanzen einwachsen, gibt man wöchentlich einen Algendünger. Er unterstützt die Bildung des Wurzelsystems. Die Düngung wird sechs Wochen, also bis Mitte Juni, fortgesetzt. Dann sollten die Pflanzen an ihrem endgültigen Platz stehen.

In dieser Zeit sollte eine gesunde, gut ernährte Tomatenpflanze ein gutes Gerüst und die ersten Blüten entwickelt haben. Ab dann gibt man einen kaliumbetonten Dünger, der die Blätter und Wurzeln stärkt, hauptsächlich aber die Blüten- und Fruchtbildung fördert. Gedüngt wird einmal wöchentlich, bis die Pflanze, meist durch Frost, abstirbt.

## Stützen und schneiden

Strauchtomaten brauchen von Natur aus wenig Erziehung. Bei Stabtomaten müssen die Seitentriebe entfernt werden, sodass nur ein Haupttrieb bleibt, an dem die Früchte sitzen. So erzielt man auf kleinster Fläche großen Ertrag. Für Strauch-, Fleisch- oder Cherrytomatensorten ist das Ziehen an Schnüren eine ideale Möglichkeit. Aber auch Bambusstäbe sind geeignet.

Bei Stabtomaten mit größeren Früchten muss die Stütze etwa 2 m hoch sein, um fünf bis sechs Rispen zu tragen. Bei Cherrytomatenpflanzen sollte die Stütze etwa 3 m hoch sein.

## Anleitung

**01**
Schnur am Rahmen oder an horizontalen Drähten festknoten.

**02**
Die Schnur etwa 30 cm länger lassen und ins Pflanzloch legen.

**03**
Die Tomatenpflanze im Pflanzloch so auf das Ende der Schnur stellen, dass sie etwas tiefer in der Erde steht als vorher im Topf. Das Loch mit Erde auffüllen.

**04**
Gut andrücken und gießen. Wird die Pflanze größer, den Haupttrieb um die Schnur wickeln.

01

02

03

04

## Entspitzen

Durch die relativ kurze Anbausaison (März bis Oktober) ist die Entwicklung von mehr als sechs Rispen unwahrscheinlich, sie würden den unteren Rispen auch nur schaden. Hat die Pflanze sechs Rispen, kürzt man den Haupttrieb über einem Blattansatz oberhalb der letzten Rispe ein. So kann die Pflanze alle Energie für die vorhandenen Früchte nutzen und die Chance steigt, dass alle Früchte reif werden, bevor die Tage kürzer und die Temperaturen niedriger werden.

Bei Cherrytomaten ist das Entspitzen nicht notwendig, sie können bis zum Ende des Sommers weiterwachsen. Manchmal ist es aber trotzdem wichtig, sie einzukürzen, weil sie das Ende der Stütze erreicht haben. Meine Cherrytomaten wachsen manchmal bis in den Dachraum des Gewächshauses. Blüten, die erst im Herbst gebildet werden, können ebenfalls entfernt werden. Aus ihnen bilden sich keine Früchte mehr und sie hindern die vorhandenen Früchte vielmehr am Reifen.

## Seitentriebe entfernen

Damit Stabtomaten nur einen Haupttrieb entwickeln, entfernt man die Seitentriebe. Diese wachsen in den Blattachseln und sollten entfernt werden, sobald sie groß genug dafür sind. Kleine Triebe kann man mit der Hand herausknipsen. Um den Haupttrieb nicht zu verletzen, nimmt man für größere besser eine Schere. Bei Buschtomaten oder hängend wachsenden Sorten müssen die Seitentriebe nicht entfernt werden.

### Befruchtung

Tomatenpflanzen sind selbstbefruchtend. Öffnet sich die Blüte, fallen die Pollen aus den männlichen Staubgefäßen auf die weiblichen Narbe. Setzen die Tomaten keine Früchte an, hilft das Erhöhen der Luftfeuchtigkeit, da die Pollen dann besser an den weiblichen Blütenteilen haften. Ist es jedoch zu feucht, wird der Pollen manchmal nicht freigesetzt. Extreme Hitze und Kälte lassen die Pollen sogar absterben. An wärmeren Tagen kommen dank der stärkeren Luftzirkulation mehr Bestäuber ins Haus, die beim Befruchten helfen.

### Schädlinge und Krankheiten

Eine der Krankheiten, die Tomaten am häufigsten befällt, ist die Krautfäule, die durch Kälte und nachts feuchtes Laub gefördert wird. Daher sollte möglichst vor 15 Uhr gegossen werden, außerdem an die Basis der Pflanzen statt auf die Blätter. So kann das Laub vor dem Abend trocknen.

Die Blütenendfäule tritt ebenfalls an Tomaten auf und wird durch Kalziummangel und unregelmäßiges Gießen hervorgerufen. Im Hochsommer gieße ich meine Tomaten einmal morgens und einmal am frühen Nachmittag. So trocknet der Wurzelballen nicht aus und bleibt gleichmäßig feucht. Entfernt man deformierte Früchte, sollte dies die Krankheit eindämmen.

Sobald sich Mottenschildläuse und Blattläuse zeigen, sollten die Pflanzen wöchentlich mit einem Stärkungsmittel oder einem Spritzmittel auf Öl- oder Seifenbasis besprüht werden. Mit Gelbtafeln kann man den Befall kontrollieren, mit Nützlingen eindämmen.

Auch Schnecken können Schäden verursachen. Mit Grapefruitschalen und Bierfallen können die Populationen minimiert werden, was vor allem wichtig ist, wenn die Pflanzen jung sind.

**Die gelben Blüten** erscheinen fünf bis sieben Wochen nach dem Pflanzen.

## Ernten

Steigen die Temperaturen, reifen die Tomaten wesentlich schneller, etwa 25 °C sind ideal für die meisten Sorten. Sobald die Früchte rot sind, sollten sie geerntet werden, damit die Pflanze die anderen Früchte versorgen kann. Stehen die unteren Blätter zu dicht, entfernt man sie, damit Licht und Luft an die Früchte kommen. Vor allem zum Ende des Sommers beschleunigt das den Reifeprozess.

Cherrytomaten kann man einzeln pflücken oder ganze Rispen mit einer Schere abschneiden. Größere Früchte nimmt man in die Hand und hebt sie leicht an, bis der Stängel von selbst bricht. So bleiben die Früchte unverletzt und können gut gelagert werden.

Zum Ende der Saison werden alle unreifen Früchte gepflückt und zum Nachreifen in die Küche gelegt. Dafür legt man sie mit Bananen in eine Schüssel oder eine braune Papiertüte. Die Banane setzt Äthylen frei, was die Tomaten reifen lässt.

**Fleischtomaten** wie 'Orange Wellington' und 'Costoluto Fiorentino' pflückt man vorsichtig von der Pflanze.

**Cherrytomaten** kann man einzeln pflücken (oben, ganz links) oder als Rispen schneiden (oben, links).

**Durch das Entfernen** der unteren Blätter (oben) kommen Licht und Luft an die Früchte und sie reifen schneller.

## Kalender

| | |
|---|---|
| **Januar** | - |
| **Februar** | - |
| **März** | Aussäen |
| **April** | Vereinzeln und topfen<br>Bis Mitte Juni wöchentlich mit Algendünger düngen |
| **Mai** | Pflanzen |
| **Juni** | Anbinden<br>Umstellen auf wöchentliches Düngen mit Kaliumdünger |
| **Juli** | Ernten |
| **August** | Ernten |
| **September** | Ernten |
| **Oktober** | Ernten und unreife Früchte nachreifen |
| **November** | - |
| **Dezember** | - |

# Empfehlenswerte Sorten

- **'Tumbler'** Eine der bekanntesten Sorten für Töpfe und Ampeln. Zwergsorte mit hängendem Wuchs. Saftige, kirschgroße Früchte.
- **'Baby Boomer'** Sehr ertragreiche Strauchtomate, die etwa 45 cm hoch wird und rote Früchte hat.
- **'Black Cherry'** Etwas außergewöhnliche Tomate: Stab-Cherrytomate mit violettschaligen Früchten und intensivem Geschmack. Reift früh.
- **'Sungold'** Sehr beliebte Sorte mit besonders süßen Cherrytomaten und einer reichen Ernte an orangefarbenen Früchten.
- **'Moneymaker'** Beliebte und pflegeleichte Standardsorte mit vielen mittelgroßen, wohlschmeckenden Früchten.
- **'Buffalosun'** Gelb-orange geflammte Fleischtomate, die widerstandsfähig gegen Krautfäule ist. Guter Geschmack und zuverlässig im Ertrag.
- **'Supersteak'** Fleischtomate mit großen roten Früchten, Geschmack und Fruchtfleisch exzellent. Sehr widerstandsfähig gegen Krankheiten.

**'Tumbler'** ist eine beliebte Sorte mit kirschgroßen Früchten und hängendem Wuchs.

# Auberginen

Auberginen lieben die Wärme und gedeihen sowohl im Topf als auch ausgepflanzt. Das Gewächshaus ist im Sommer der perfekte Ort, um sie mit allem zu versorgen, was sie benötigen.

Die Auswahl an Auberginensorten für den eigenen Anbau ist groß: Es gibt welche mit großen, glänzenden dunkelvioletten Früchten bis hin zu eiförmigen weißen Auberginen und solche mit gestreiften, langen dünnen Früchten. Für den Anbau geeignet sind die meisten Pflanzgefäße sowie Beete oder Pflanzsäcke. Da die Verwandte der Tomate und Kartoffel gebraten oder gegrillt sehr gut schmeckt, ist sie eine willkommene Ergänzung für das sommerliche Gewächshaus.

## Anzucht

Auberginen werden auch Eierpflanze genannt und können mit Chili und Tomaten ausgesät werden, denn alle brauchen Wärme, um zu keimen. Ein beheiztes Zimmergewächshaus mit etwa 20 °C ist gut geeignet. Schon drei bis fünf Auberginenpflanzen liefern eine reiche Ernte. Um sicherzugehen, sollte man trotzdem etwa doppelt so viele Samen in einen 9-cm-Topf mit torffreier Erde aussäen. Beim Topfen der Sämlinge kann man dann die stärksten Pflänzchen auswählen.

**Die Sorte** 'Farmers Long' ist ertragreich und bildet markante, schlanke Früchte.

## Anleitung

**01**
Die Samen auf die Oberfläche gut gewässerter Erde legen. Bei Bedarf mit einem Stäbchen an ihren Platz schieben.

**02**
Dünn mit gesiebter Erde oder Vermiculit abdecken. Die Samen sollten nicht mehr zu sehen sein. In ein beheiztes Zimmergewächshaus stellen. Wenn die Samen gleichmäßig gekeimt sind, den Deckel abnehmen und die Pflänzchen abhärten. Weitere ein bis zwei Wochen beheizt stehen lassen.

**03**
Sobald sich das zweite Paar Laubblätter gebildet hat, die kräftigsten Sämlinge in Anzuchtplatten oder direkt in 7-cm-Töpfe vereinzeln. Dafür die Erde im neuen Topf gut befeuchten. Dann mit einem Holzstäbchen die Pflänzchen aus der Erde heben und dabei an den Keimblättern festhalten. In den neuen Topf setzen und vorsichtig andrücken.

01

02

03

## Pflanzen

Wachsen die Wurzeln aus den Abzugslöchern der Töpfe, können die Pflanzen in 9-cm-Töpfe verpflanzt werden. Um die Aubergine an ihren endgültigen Platz setzen zu können, muss der 9-cm-Ballen gut durchwurzelt sein. Das ist meist im Mai der Fall, wenn es auch nachts wärmer ist. Auberginen können in Hochbeete, in Töpfe mit etwa 40 cm Durchmesser oder in Pflanzsäcken ins Gewächshaus gesetzt werden. Zwei Pflanzen pro Pflanzsack sind angemessen. Jede torffreie Erde ist geeignet, sofern zusätzlich gedüngt wird (s. nächste Seite) und die Pflanzen stetig und kräftig wachsen können. Sie bilden dann ein kräftiges Gerüst, das im Spätsommer die Früchte tragen kann.

## Die Pflanzen pflegen

Auberginen brauchen bis Ende Juni den Schutz des Gewächshauses. Im Sommer können sie im Freien stehen, wodurch sie weniger schädlingsanfällig werden. Allerdings werden Pflanzen im Haus größer und nicht durch die kühleren Abende am Herbstanfang im Wachstum gebremst.

**Auberginenblüten** sind selbstbestäubend. Blühende Pflanzen stützt man mit einem Stab.

## Düngen

In der frühsommerlichen Wärme im Gewächshaus wachsen die Pflanzen schnell und müssen daher gut mit Nährstoffen versorgt werden. Nur dann bekommen sie in dieser Phase alles, was sie benötigen. Wurden die Jungpflanzen aus den Anzuchtplatten in kleine Töpfe gesetzt, hilft eine wöchentliche Gabe Algendünger, kräftige Wurzeln zu bilden und gesund zu wachsen. Bis die Pflanzen blühen und ein starkes Gerüst gebildet haben, das mehrere Früchte tragen kann, sollte weiter gedüngt werden. Ist die Pflanze gut ausgebildet und setzt Blüten an, wird wöchentlich ein kaliumbetonter Dünger gegeben. Diesen kann man als Tomatendünger kaufen. Durch den höheren Kaliumanteil werden die Blüten- und Fruchtbildung gefördert. Bis zu den ersten Frösten oder bis alle Früchte geerntet sind, wird weiter gedüngt.

## Stützen und schneiden

Den meisten Auberginenpflanzen reicht ein einzelner Bambusstab als Stütze. Daran werden sie, wenn sie größer werden, nach und nach lose angebunden. Meiner Erfahrung nach verzweigen sich die meisten Sorten von selber. Manche bilden aber nur einen einzelnen Haupttrieb. Dieser muss gestutzt werden. Dafür entfernt man die Triebspitze mit dem obersten Blattpaar, wenn die Pflanze etwa 50 cm groß ist.

**Kalender**

| | |
|---|---|
| Januar | - |
| Februar | - |
| März | Aussäen |
| April | Vereinzeln und topfen |
| Mai | Auspflanzen |
| Juni | Pflanzen anbinden |
| Juli | Ernten |
| August | Ernten |
| September | Ernten |
| Oktober | - |
| November | - |
| Dezember | - |

Eine ansehnliche Größe bekommen die Früchte, wenn man ihre Anzahl pro Pflanze auf fünf oder sechs begrenzt. Eng beieinander sitzende Früchte sollten entfernt werden, damit die fünf oder sechs übrigen ausreichend Platz und Luft haben.

### Schädlinge und Krankheiten

Auberginen sind oft die ersten Pflanzen im Gewächshaus, die von Mottenschildlaus, Blattläusen und Spinnmilben befallen werden. Die Pflanzen sollten regelmäßig kontrolliert werden und die Schädlinge mit der Hand entfernt oder die Pflanzen mit Stärkungsmitteln oder einem Spritzmittel auf Öl- und Seifenbasis behandelt werden. Spinnmilben kann man durch Erhöhen der Luftfeuchtigkeit fernhalten. Auberginen werden daher am besten zu Gurken und Melonen gepflanzt. Bei sehr starkem Befall mit Spinnmilben und Mottenschildlaus kann man die Pflanzen im Juli und August nach draußen stellen, denn die Bedingungen im Freien sind für die Schädlinge weniger angenehm und die Population wird dadurch verringert.

Eine andere Möglichkeit ist es, Mottenschildlaus und Spinnmilben zuvorzukommen, indem man schon Nützlinge einsetzt, wenn die Pflanzen noch jung und anfällig sind. Eine kleine Kokosmatte ist eine wunderbare Unterlage für die Nützlinge, solange die Pflanzen noch jung und nicht verzweigt sind.

## Ernten

Die Auberginen werden, sobald sie voll ausgereift sind, von den Pflanzen genommen. Der richtige Zeitpunkt ist, wenn die Früchte leicht nachgeben, wenn man sie vorsichtig mit den Fingerspitzen drückt, und wenn sie intensiv gefärbt sind. Man schneidet die Auberginen mit einer Gartenschere ab und lässt dabei ein Stück Stängel an den Früchten. So sind sie länger lagerfähig. Gleichzeitig werden die Früchte nicht beschädigt, was zu Fäulnis führen könnte.

## Empfehlenswerte Sorten

Für das Gewächshaus sind vor allem Sorten geeignet, die widerstandsfähig gegen Krankheiten und Schädlinge sind. Diese Sorten haben zusätzlich eine lange Erntezeit.

- **'Black Beauty'** Unglaublich beliebt und verlässlich, mit dunklen glänzend violetten Früchten. Pflegeleicht und gut erhältlich.
- **'Pinstripe'** Kompaktere Sorte, für Töpfe, Balkons und kleinere Gewächshäuser geeignet. Violette Früchte mit weißen Streifen, also etwas außergewöhnlicher gefärbt als die meisten.
- **'Farmers Long'** Hohe Sorte, die schlanke, bis zu 30 cm lange, violette Früchte bildet. Bringt Abwechslung ins Gemüsebeet und ist praktisch zum Kochen, da man kleine Scheiben schneiden kann.

**Fehlen Bestäuber,** kann man durch vorsichtiges Schütteln der Pflanzen die Befruchtung fördern.

# Chili und Paprika

**Chili und Paprika stammen aus Mexiko und lieben die Wärme, die Gewächshäuser im Sommer bieten. Diese verlängern die Erntezeit im Herbst, denn im Gewächshaus ist es dann immer noch warm. Durch regelmäßiges Ernten und durch Überwintern kann ein fast ganzjähriger Fruchtansatz erreicht werden.**

Einer der großen Vorteile beim Anbau von *Capsicum* (der Pflanzengattung, zu der die vielfältigen Chili- und Paprikasorten gehören) im Gewächshaus ist, dass sie die Hitze lieben, die im Sommer dort herrscht. Die kühleren Monate mit weniger Licht sind für die Pflanzen eher schwierig. Sie zeigen sehr schnell, wenn sie nicht glücklich sind – wenn es zu kalt, zu feucht oder zu zugig ist. Temperaturen unter 12 °C führen meist zum Absterben.

Zur Gattung *Capsicum* gehören Arten und Sorten unterschiedlichster Schärfe. Vor allem Chili können sehr unterschiedlich scharf sein. Die Schärfe wird in Scoville gemessen (s. Kasten unten). Um zu wissen, wie scharf die Früchte werden, sollte man entsprechende Sorten wählen. Ich war in der Vergangenheit oft selbst überrascht, wie mein selbst gemachtes Chili-Öl schmeckte: Bei manchen Sorten wurde es angenehm scharf und mild, andere haben mir fast Rauch aus den Ohren kommen lassen. Manche Chilisorten wurden nur für dekorative Zwecke gezüchtet und dienen in Sommer und Herbst in Gefäßen als Zierpflanzen.

## Die Scoville-Skala

1912 entwickelte der amerikanische Chemiker Wilbur Scoville eine Methode für das Messen der Schärfe von Chili. Dabei werden die Früchte erst konzentriert und dann mit Zuckersirup so lange verdünnt, bis die Probanden keine Schärfe mehr feststellen konnten. Je mehr die Chili verdünnt werden mussten, desto schärfer sind sie und desto höher ist der Scoville-Wert. Eine 100 000-fache Verdünnung bedeutete 100 000 Scoville auf der Skala. Eine extrem scharfe Bhut Jolokia liegt bei 1 000 000 Scoville, eine milde Jalapeño bei 2500–8000.

**Durch regelmäßiges** Ernten von Chili und Paprika haben die verbleibenden Früchte Platz.

**Stützt man Chili und Paprika** mit Bambusstäben, verhindert ein kleiner Tontopf auf den Stäben Augenverletzungen.

**Chili werden haltbar,** wenn man sie zusammenbindet und im Gewächshaus trocknet.

## Chili überwintern

Chili vertragen keinen Frost und mögen keine Kälte. Zum Überwintern bringt man die Pflanzen daher am besten ins Zimmer – sofern dies wegen ihrer Größe möglich ist. Wahrscheinlich werden sie wegen des Lichtmangels ihr Laub verlieren und sollten in dieser Phase nur so sparsam gegossen werden, dass sie am Leben bleiben. Die Chilipflanze sollte den sonnigsten Platz in der Wohnung bekommen. Wenn der Frühling kommt, wird sie wieder mehr gegossen. Dann ist auch ein guter Zeitpunkt, die Pflanzen umzutopfen.

### Wussten Sie…?

Chili lassen sich im Dachraum des Gewächshauses trocknen. Dafür schneidet man die Früchte mit Stiel und bündelt sie mit einem Gummi. Dieser zieht sich zusammen, wenn die Stiele austrocknen. Die Früchte sind meist innerhalb weniger Wochen getrocknet und können in der Küche dekorativ aufgehängt und im Winter verwendet werden.

## Aussäen

In Gartencentern und Gärtnereien kann man im Frühjahr zwar viele verschiedene Chili- und Paprikapflanzen kaufen, aber die Auswahl ist noch größer, wenn man sie selbst aus Samen zieht. Die Samen von Chili und Paprika brauchen für die Keimung Wärme. Ein beheiztes Zimmergewächshaus ist dafür die beste Möglichkeit. Sobald viele Samen aufgegangen sind, härtet man die Jungpflanzen ab (S. 25), indem man den Deckel des Zimmergewächshauses abnimmt und die Pflanzen, sobald sie groß genug sind, in einzelne Töpfe oder Multitopfplatten setzt. Die Pflanzen sollen schnell wachsen und ein stabiles Gerüst bekommen, an dem später die Blüten sitzen. Dies erreicht man durch häufiges Umtopfen. So können die Pflanzen gleichmäßig wachsen und die Wurzeln haben ausreichend Platz.

## Pflanzen

Chili und Paprika können gut in Hoch- und Bodenbeeten oder in Gefäßen angebaut werden. Die Kultivierung in Töpfen gelingt gut, weil man die Nährstoffversorgung durch Flüssigdünger ergänzen kann, sodass die Pflanzen ein starkes Gerüst bilden. Später wird mit einem kaliumbetonten Dünger die Blüten- und Fruchtbildung gefördert. Pflanzen, die größer werden, brauchen einen großen Kübel, Zwerg- und Ziersorten gedeihen in kleineren Töpfen gut. Aber auch in Boden- oder Hochbeeten im Gewächshaus fühlen sie sich wohl. Das Pflegen und Stützen ist in Topf und Beet gleich, im Beet sollte jedoch ein kleiner Rand um die Pflanze gebildet werden, in dem sich das Gießwasser sammeln kann. Pflanzen in Beeten müssen seltener gegossen werden als solche in Töpfen und Pflanzgefäßen.

## Anleitung

**01**
Die Samen auf feuchte torffreie Erde legen. Nicht zu dicht säen, damit die Pflanzen nicht zu eng stehen und kein Saatgut verschwendet wird.

**02**
Die Töpfe beschriften und die Erde dünn mit Vermiculit abdecken. Zur Keimung ins beheizte Zimmergewächshaus oder auf eine sonnige Fensterbank stellen.

**03**
Sobald die Keimlinge zwei bis drei Blattpaare haben, mit einem Schaschlikspieß in der Erde lockern und an den Keimblättern vorsichtig anheben. Nicht am Stängel anfassen, damit die Jungpflanze nicht verletzt wird.

**01**

**02**

**04**
In die Mitte eines 7-cm-Topfes mit feuchter torffreier Erde ein Loch drücken. Die verletzlichen Wurzeln eines Sämlings vorsichtig in die Erde setzen. Etwas tiefer setzen, als sie vorher waren.

**05**
Die Pflanzen umtopfen, sobald die Wurzeln durch die Abzugslöcher wachsen. Das ist etwa Mitte Mai der Fall.

**06**
Die Pflanzen mit einem Bambusstab stützen. Wenn sie höher werden, immer wieder neu anbinden.

**07**
Um die Pflanzen einen Gießrand in die Erde drücken. So läuft das Wasser direkt zu den Wurzeln.

## Pflegen

Die meisten *Capsicum*-Arten benötigen ähnliche Bedingungen und Pflege.

### Düngen

Sobald die Sämlinge vereinzelt sind, gibt man wöchentlich einen Algen-Flüssigdünger. Werden die Pflanzen größer, wechselt man zu einem stickstoffbetonten Dünger, zum Beispiel Brennnesseldünger (S. 82). Hellgrünes oder gelbes Laub kann durch Kälte oder Stickstoffmangel entstehen. Stehen die Pflanzen warm und nicht zugig, spricht das für Nährstoffmangel. Die Pflanzen sollten dann zweimal wöchentlich einen Stickstoffdünger bekommen.

Im Frühsommer beginnen die Pflanzen mit der Blütenbildung. Diese kann unterstützt werden, indem man den Stickstoffdünger einmal wöchentlich durch einen kaliumbetonten Dünger ersetzt. Eine hohe Luftfeuchtigkeit unterstützt den Fruchtansatz und reduziert den Befall mit Spinnmilben. An warmen sonnigen Tagen sollte die Luftfeuchtigkeit im Gewächshaus erhöht werden (S. 114)

**Durch das Einkürzen** der Triebspitze (links) wachsen die Pflanzen buschig.

**Das Ausdünnen** (unten) auf etwa sechs Fruchtansätze sorgt für größere, reife Früchte.

### Stützen und schneiden

Die meisten Paprika und die größeren Chilisorten brauchen eine Stütze. Dafür drückt man einen Bambusstab nahe der Pflanze in die Erde und bindet den Haupttrieb daran fest. Sobald die Pflanzen 30 cm hoch sind, entfernt man die Spitze des Haupttriebes. Sie werden sonst lang und dünn. Haben die Jungpflanzen natürlicherweise einen verzweigten Aufbau ohne Haupttrieb, verzichtet man auf das Entspitzen und lässt die Pflanzen natürlich wachsen. Manche Paprikafrüchte werden sehr schwer, sodass die Triebe abknicken. Um sie zu entlasten, bindet man diese Triebe ebenfalls an den Bambusstab an.

Blockpaprika-Pflanzen sollten nur sechs bis acht große Früchte bilden, die sich über die ganze Pflanze verteilen. Eng stehende Früchte entfernt man daher, sodass die kräftigsten Platz haben, sich zu entwickeln. Durch regelmäßiges Ernten hilft man der Pflanze, die verbleibenden Früchte reifen zu lassen. Dabei ist es wichtig, daran zu denken, dass zum Ende des Sommers die Früchte langsamer wachsen und reifen. Das ist auch der Grund, warum man nur eine begrenzte Anzahl an Früchten an der Pflanze lässt.

## Schädlinge und Krankheiten

Das wöchentliche Besprühen der Pflanze mit einem Spritzmittel auf Öl- und Seifenbasis hält saugende

**Kalender**

| | |
|---|---|
| Januar | - |
| Februar | Säen in ein beheiztes Zimmergewächshaus |
| März | Vereinzeln und Topfen sorgt für gleichmäßigen Wuchs |
| April | Chilipflanzen topfen |
| Mai | In endgültiges Gefäß/Beet pflanzen |
| Juni | - |
| Juli | Ernten |
| August | Ernten |
| September | Ernten |
| Oktober | Überwintern im Haus |
| November | - |
| Dezember | - |

Insekten fern. *Capsicum*-Pflanzen sind in der ersten Zeit besonders empfindlich: Jeder Blattlausbefall schädigt sie und verlangsamt das Wachstum, was später im Sommer für geringere Produktivität sorgt. Kontrollieren Sie die Pflanze regelmäßig. Wenn der Befall zu stark wird, wischt man die Schädlinge mit den Fingern oder einem Schwamm ab.

## Ernten

Viele *Capsicum*-Pflanzen verändern im Reifeprozess ihre Farbe. Die meisten Chili und Paprika wechseln von Grün zu Dunkelbraun und Rot, während sie immer süßer und schärfer werden. Auch unreife Chili und Paprika sind essbar. Meist sind sie aber bitter, deshalb sollte man erst vorsichtig probieren. Reife Früchte erntet man, damit der Blüten- und später im Jahr der Fruchtansatz gefördert werden.

**Die reifen Früchte** dieser wärmeliebenden Pflanzen verschönern den Sommer mit leuchtenden Farben.

## Empfehlenswerte Sorten

### Chili

**'Hungarian Hot Wax'** Vielseitig in der Küche und einfach anzubauen. Kräftiger Wuchs mit langen spitzen Früchten, bis 10 cm lang. Reifen von blassgrün zu rot. Werden mit der Reife schärfer.

**'Cherry Bomb'** Ungewöhnlich geformte Chili mit runden, tomatenähnlichen Früchten. Ebenfalls leicht anzubauen. Die Pflanzen werden etwa 60 cm hoch und tragen gut. Die Früchte sind in reifem Zustand leuchtend rot.

**'Joe's Long'** Mein absoluter Favorit unter den traditionellen Chili. Kräftige Sorte, die etwa 60 cm hoch wird und grüne, schlanke Früchte bildet, die bei Reife rot sind. Perfekte Chilisorte zum Trocknen.

### Paprika

**'Pantos'** Spitzpaprikasorte mit etwa 20 cm langen Früchten, die von dunkelgrün zu rot reifen. Süßlich im Geschmack, kräftig im Wuchs. Anbinden empfohlen.

**'Mohawk'** Leicht anzubauende, kleinfrüchtige Sorte, die gelborange reift. Nicht so hoch wie andere Paprikapflanzen, braucht aber trotzdem eine Stütze. Perfekt für den Anbau in Gefäßen. Für einen dauerhaften Fruchtansatz regelmäßig pflücken und düngen.

**'Yolo Wonder'** Gemüsepaprika mit blockförmigen Früchten mit dickem Fleisch. Relativ früh reifend und sehr ertragreich.

# Gurken und Melonen

**Gurken gehören wie Melonen zur Familie der Kürbisgewächse (Cucurbitaceae). Beide vertragen keinen Frost. Die einjährigen Pflanzen brauchen die Hitze des Sommers und des Gewächshauses, um in ihrer relativ kurzen Wachstumsphase einen guten Ertrag zu liefern.**

In geschützten Gärten kann man Gurken und manche Melonenarten im Freien anbauen. Für süße, zarte Früchte von den Sorten, die wir aus dem Supermarkt kennen, braucht es aber das Gewächshaus. Die Pflanzen benötigen relativ viel Platz und müssen regelmäßig angebunden und geschnitten werden. Aber der Aufwand lohnt sich: Der üppige Ertrag von Gurken und die unvergleichliche Süße einer sonnenwarmen Melone sind unschlagbar.

**Gurken und Melonen** brauchen reichlich Platz sowie Wärme und Feuchtigkeit.

## Anzucht

Gurken und Melonen sollten aus Samen gezogen werden. Da sie die Kälte und den Lichtmangel des Spätwinters und Vorfrühlings nicht mögen, wartet man damit bis April. Die Pflanzen wachsen schnell und während man auf bessere Bedingungen wartet, erhält man kräftige Jungpflanzen, ohne sie durch die trüben Wochen und Monate bringen zu müssen.

Gurkensamen sind üblicherweise von rein weiblichen Sorten erhältlich. Sie bilden die Früchte hinter der weiblichen Blüte und sind weniger bitter als einige alten Sorten, da die Bitterkeit von der Art der Befruchtung abhängt.

Die Samen von Gurken und Melonen brauchen für die Keimung Wärme. Am besten geeignet ist ein beheizbares Zimmergewächshaus. Die Sämlinge sind sehr kälteempfindlich und sollten geschützt stehen. Man lässt sie bis zur gleichmäßigen Keimung im beheizten Zimmergewächshaus, erst dann entfernt man den Deckel, lässt tagsüber aber die Heizung an. Damit die Pflanzen nachts keinen Schaden nehmen, wird der Deckel wieder geschlossen oder die Pflanzen ins Haus geholt.

Ich säe zwei Samen pro Topf und lasse beide Sämlinge bis Anfang Mai wachsen. Zu diesem Zeitpunkt sind die Pflänzchen robuster und ich schneide dann das schwächere mit einer Schere ab. (So werden die Wurzeln weniger gestört.) Das andere darf alleine weiterwachsen. Es muss nicht umgetopft werden, bis es an seinen endgültigen Platz gesetzt wird.

### Aus Samen ziehen

Das Aussäen läuft bei Gurken und Melonen gleich ab (siehe unten).

## Anleitung

**01**
Einen 7-cm- oder 9-cm-Topf mit torffreier Erde füllen und mit einem Erdstempel oder dem Boden eines anderen Topfes andrücken.

**02**
Gut angießen, bis die Erde gesättigt ist. So muss während der Keimung weniger gegossen werden.

**03**
Zwei Samen mit der schmalen Seite etwa 1 cm tief in die Mitte des Topfes drücken. Durch das seitliche Ablegen faulen die Samen nicht so schnell und gehen besser auf.

**04**
Die großen Samen so mit Erde bedecken, dass der Topf gut gefüllt ist.

01

02

03

04

## Pflanzen

Die Pflanzen sollten erst Mitte Mai ins unbeheizte Gewächshaus gesetzt werden, da die Bedingungen dann etwas angenehmer sind. Gurken und Melonen brauchen Platz und sollten mit 40 cm Abstand gesetzt werden, wenn sie an Schnüren gezogen werden sollen (s. rechts). Eine gute torffreie Erde ist für Gefäße oder Pflanzsäcke ausreichend, wenn man zusätzlich düngt. Boden- oder Hochbeete im Gewächshaus sollten vor dem Pflanzen mit reifem Kompost angereichert werden. Bei zwei Pflanzen pro Pflanzsack kann die Luft zwischen den Pflanzen ausreichend zirkulieren.

**Gurken** sind üppige Pflanzen, die sich gut als Spalier ziehen lassen.

## Pflegen

Die Pflanzen wachsen bei guter Pflege sehr schnell, Melonen etwas langsamer als die meisten Gurkensorten. Aber wer geduldig bleibt, stellt fest, dass auch sie groß und kräftig werden.

### Düngen

Ab Mai bis etwa Mitte Juni düngt man Gurken- und Melonenpflanzen wöchentlich mit einem Algendünger. Dann beginnen sie Blüten zu bilden und es ist Zeit, wöchentlich einen Kaliumdünger zu geben. Dieser fördert den Blüten- und Fruchtansatz. Werden die Pflanzen schwächer oder die Blätter gelb, düngt man zusätzlich einmal wöchentlich mit dem Algendünger. Gedüngt wird bis zum Frost oder bis die Pflanzen durch die kalten Nachttemperaturen im Herbst keinen guten Ertrag mehr liefern.

### Gurken stützen und schneiden

Ich ziehe Gurken im Gewächshaus am liebsten an Schnüren. Dafür kultiviert man einen Haupttrieb an einer Schnur, um den man die Pflanze vorsichtig windet. In den Blattachseln wachsen Seitentriebe mit unbefruchteten Fruchtansätzen. Damit sie nicht weiterwachsen, schneidet man sie zwei Blätter nach dem Fruchtansatz ab. So wird der Fruchtansatz gefördert und die schmale Form der Pflanze bleibt erhalten. Dies wiederum führt dazu, dass eine bessere Luftzirkulation möglich ist, was die Gefahr von Echtem Mehltau verringert. Inzwischen gibt es viele Snack- und Minigurkensorten. Bei ihnen entfällt das Entfernen der Seitentriebe, da sie viele kleine Früchte tragen.

Gurkenpflanzen können bis zu 3 m lang werden. Solange es warm genug ist und sie ausreichend Dünger und Wasser bekommen, bilden sie Früchte. Man lässt sie solange wachsen, wie sie gesund bleiben oder sie so lang sind, dass das Ende der Rankhilfe erreicht ist.

**Die Seitentriebe** von Melonenpflanzen werden angebunden und eingekürzt, sobald sie fünf Blätter haben.

## Melonen stützen und schneiden

Melonen können ohne Rankhilfe angebaut werden, sind aber etwas schwerer zu pflegen als Gurken. Zieht man sie an Schnüren oder Drähten, können mehr Pflanzen angebaut werden, die Luft kann zwischen ihnen besser zirkulieren und die Pflanzen bleiben gesünder und bilden mehr Früchte. Sie brauchen viel Platz, da die Seitentriebe, die horizontal am Haupttrieb sitzen, die Früchte tragen. Man zieht den Haupttrieb nach oben und zieht alle 30 cm horizontalen Drähte für die Seitentriebe. Jede Pflanze braucht etwa 1 m Platz. In kleineren Gewächshäusern kann man zwei Sorten anbauen, wenn man sich entscheidet, welche Seitentriebe man behalten möchte. Man könnte zum Beispiel den Seitentrieb der links stehenden Pflanze an den ersten horizontalen Draht binden und den nächsten Seitentrieb der rechten Pflanze an den zweiten, dann im Wechsel weiter.

Der Haupttrieb der Melonenpflanzen wird bis auf die Höhe des Gewächshauses oder der Rankhilfe gezogen. Sobald sich Seitentriebe bilden, werden diese angebunden und die Spitze entfernt, sobald die Triebe fünf Blätter gebildet haben.

Die Blüten bilden sich vom Haupttrieb aus gesehen am zweiten Blattansatz. Sobald sich die ersten Früchte entwickeln, sollten alle noch entstehenden Triebe entfernt werden. Melonenpflanzen schaffen es den Sommer über, fünf Früchte auszubilden. Sobald die Pflanzen diese also gebildet und relativ gleichmäßig entwickelt haben, sollten diese Früchte gefördert und alle anderen entfernt werden.

## Befruchtung von Melonen

Die weiblichen Blüten sind gut zu erkennen, denn hinter der Blüte sitzen bereits die noch nicht befruchteten Melonen. Damit die Befruchtung erfolgreich ist und fünf Früchte gleicher Größe entstehen (und nicht eine Frucht, die die anderen dominiert), sammelt man mit einem Pinsel so viel Pollen wie möglich von den männlichen Blüten. Den Pollen überträgt man dann auf die weiblichen Blüten. Bei Wärme verläuft die Befruchtung zuverlässiger.

**Mit einem Pinsel** kann man die Befruchtung übernehmen und so für schöne Melonen sorgen.

**Erntereif** sind Melonen, wenn sie süß riechen, und Gurken, wenn sie 30 cm lang sind.

**Ein Schale** mit Wasser kann als Speicher dienen, der zwischen den Gurken- und Melonenpflanzen die Luftfeuchtigkeit erhöht.

## Schädlinge und Krankheiten

Sowohl Gurken als auch Melonen sind anfällig für Mottenschildläuse und Echten Mehltau. Eine wöchentliche Spritzung mit einem Spritzmittel auf Öl- und Seifenbasis oder einem Pflanzenstärkungsmittel hilft, die Schädlinge zu reduzieren.

Vor allem an den unteren Blättern fördert trockene Luft den Echten Mehltau. Die Pflanzen brauchen optimalerweise eine warme, feuchte Umgebung. Die Luftfeuchtigkeit im Gewächshaus sollte daher den Sommer über erhöht sein. Trotzdem kann sich an den unteren Blättern ein Befall bilden. Entfernt man diese Blätter, kann mehr Luft zwischen den Pflanzen zirkulieren. Das größte Wachstum findet ohnehin nahe der Triebspitzen statt.

## Ernten

Gurken werden geerntet, sobald sie reif sind. Die Pflanzen setzen dann weitere Blüten und Früchte an. Normale Gewächshaus-Gurkensorten werden geerntet, wenn sie etwa 30 cm lang sind. Lässt man sie zu lange an der Pflanze, werden sie weich und verlieren ihren milden Geschmack. Im Zweifel erntet man lieber etwas zu früh.

Bei Melonen nutzt man die eigenen Sinne: Meist duften sie süß, wenn sie reif sind. Außerdem fühlt sich ihr Fruchtfleisch etwas weicher an, wenn man reife Melonen vorsichtig drückt.

**Kalender**

| | |
|---|---|
| Januar | - |
| Februar | - |
| März | - |
| April | Säen |
| Mai | Einen Sämling stehen lassen, topfen, pflanzen |
| Juni | Anbinden |
| Juli | Weiter anbinden und ernten |
| August | Ernten |
| September | Ernten |
| Oktober | - |
| November | - |
| Dezember | - |

# Empfehlenswerte Sorten

## Gurken

**'Carmen'** Rein weibliche Sorte mit hohem Ertrag und guter Widerstandsfähigkeit gegen Krankheiten. Früchte glänzend, gerade, dunkelgrün.
**'Telegraph Improved'** Alte, aber immer noch beliebte, rein weibliche Sorte. Zuverlässiges Ansetzen von dunkelschaligen, mild schmeckenden Gurken.
**'Mini Munch'** Rein weibliche Sorte mit Snack-Gurken (ideal für Kinder), die mit etwa 7 cm Länge geerntet werden. Seitentriebe nicht entfernen.

## Melonen

**'Charentais'** Eine Cantaloupe-Melone mit süßem, orangenem Fleisch. Mittelkleine Früchte, die relativ früh reifen. Ertragreiche Sorte.
**'Giallo da Inverno'** Gelbhäutige Zuckermelone, die im Spätsommer reift und aromatisch und süß ist. Produktive Pflanze, gut für Melonen-Anfänger geeignet.
**'Honey Bun'** Zuckermelone mit blassgrünem, besonders schmackhaftem Fruchtfleisch. Im Vergleich zu anderen Sorten gut für Gewächshäuser in kühleren Regionen geeignet.

**Einen Versuch wert: Melonen** wie 'Giallo da Inverno' und 'Honey Bun'.

# Kartoffeln

**Frisch geerntete Frühkartoffeln sind ein echter Luxus. Man kann sie sogar in Pflanzsäcken oder großen Kübeln anbauen, und auch sie profitieren vom Schutz und der Wärme des Gewächshauses.**

Saatkartoffeln in torffreier Erde, an einem hellen Platz und immer leicht feucht gehalten, ergeben eine gute Ernte großer Knollen. Im Gewächshaus kann man früher ernten und die Kartoffeln schmecken so intensiv, wie es kein Supermarktprodukt kann.

## Vorkeimen

Vorgekeimte Kartoffeln haben beim Pflanzen bereits kurze Triebe und können früher geerntet werden. Über die Vorteile wird viel diskutiert, genau wie darüber, ob es notwendig ist, Kartoffeln vorkeimen zu lassen. Ehrlich gesagt ist es das nicht, aber meiner Erfahrung nach haben sie dann einen besseren Start und können etwas früher geerntet werden. Außerdem kann man so sehen, ob die Knollen lebensfähig sind und in welcher Richtung sie in die Erde gesetzt werden müssen: Die Keime sollten beim Pflanzen nach oben zeigen.

Man lässt die Kartoffeln möglichst schon vorkeimen, sobald man sie besorgt hat. Saatkartoffeln werden ab Anfang Januar verkauft. Dann ist die Auswahl am größten. Sie wurden speziell fürs Pflanzen angebaut und sind nicht zum Kochen und Essen geeignet. Man kann natürlich auch Kartoffeln aus dem Supermarkt verwenden. Die Ernte ist dann zwar essbar, meist aber enttäuschend.

Um die dunkelgrünen, gedrungenen Austriebe zu bilden, brauchen Saatkartoffeln einen frostfreien, kühlen und hellen Platz. Kartoffeln mit langen Trieben, die eher an einen Oktopus oder einen Außerirdischen erinnern, lagen wahrscheinlich zu warm und/oder zu dunkel. Gut geeignet ist ein heller Hausflur oder eine Fensterbank. Die Austriebe zeigen sich meist innerhalb eines Monats. Ist die Kartoffel nach vier Wochen noch fest, aber kein Austrieb zu sehen, ist das kein Grund zur Beunruhigung. Sicherlich treiben sie in nächster Zeit aus.

Für das Vorkeimen der Kartoffeln sind Eierkartons oder Multitopfplatten gut geeignet. Man stellt die Knollen so hinein, dass die Seite mit den meisten Augen nach oben zeigt. Meist hat das schmalere Ende der Kartoffel weniger Augen und sollte unten liegen.

**Liegen die Kartoffeln kühl,** erscheinen nach etwa vier Wochen die ersten Austriebe.

# Frühkartoffeln anbauen

Frühkartoffeln können Mitte bis Ende März in Kübel oder Pflanzsäcke gelegt werden.

**01**
Ein Pflanzgefäß mit 50 cm Durchmesser und Tiefe zur Hälfte mit torffreier Erde füllen.

**02**
Drei Saatkartoffeln mit den Austrieben nach oben so auf die Oberfläche der Erde legen, dass sie ein Dreieck bilden.

**03**
Die Saatkartoffeln etwa 5–10 cm dick mit Erde bedecken. Sobald fünf Blätter zu sehen sind, so viel Erde nachfüllen, dass sie wieder vollständig bedeckt sind.

**04**
Bis das Pflanzgefäß komplett mit Erde gefüllt ist, deckt man – immer wenn sich erneut fünf Blätter gebildet haben – diese ebenfalls ab. Bis Mitte Mai im Gewächshaus stehen lassen, dann ins Freie stellen.

**05**
Feucht, aber nicht nass halten, sonst entsteht während der Wachstumsphase Fäulnis. Wöchentlich Algen- oder Brennnesseldünger (S. 82) verabreichen. Er stärkt das Wachstum und erhöht den Ertrag. Zwölf Wochen nach dem Pflanzen sind die Kartoffeln erntereif.

# Süßkartoffeln

Süßkartoffeln sind tropische Kletterpflanzen, die das warme Gewächshaus schätzen. Sie werden vier bis fünf Monate nach dem Pflanzen geerntet. Dieses pflegeleichte und leckere Gemüse lässt man an Bambusstäben in die Höhe ranken oder über ein Unkrautvlies wachsen.

Süßkartoffeln gehören zu den Kulturen, die mich in den letzten Jahren immer mehr begeistern, denn sie eignen sich für den Anbau im Gewächshaus und sind überraschend leicht zu vermehren. Sie brauchen wenig Aufmerksamkeit und sind unglaublich dankbar. Moderne Sorten sind inzwischen gut erhältlich und gedeihen zuverlässig. Bei Knollen aus dem Supermarkt wechselt die Qualität, aber auch sie sind leicht anzubauen und machen Spaß.

## Vermehren

Süßkartoffeln werden über bewurzelte Stecklinge vermehrt. Diese Stecklinge gewinnt man aus langen Trieben, die von der gekeimten Süßkartoffel geschnitten und in Wasser gestellt werden. Dort bewurzeln sie. Solche bewurzelten Stecklinge kann man ab April kaufen. Wurden sie versendet, topft man sie direkt nach Erhalt ein. Eine andere Möglichkeit ist es, aus Süßkartoffeln aus dem Supermarkt selber Stecklinge zu ziehen (s. gegenüber). Dabei ist jedoch zu bedenken, dass Knollen aus dem Supermarkt kälteempfindlicher sein können und länger brauchen, bis sie eine gute Ernte liefern.

**Süßkartoffeln** lässt man am besten in die Höhe ranken (ganz links). Auf dem Boden könnten die Blattansätze faulen.

**Die Blüten** der Süßkartoffel (links) sind selten, aber sehr hübsch.

# Anleitung

**01**
Knolle mit dem spitzen Ende nach oben so in ein Glas mit Wasser stellen, dass die untere Hälfte im Wasser ist. Zum Befestigen einen Metallspieß durch die Knolle stechen. In ein beheiztes Zimmergewächshaus oder auf ein sonniges Fensterbrett stellen. Das Wasser regelmäßig wechseln, damit sich Fäulnis erregende Bakterien nicht anreichern.

**02**
Hat die Knolle 5–10 cm lange Triebe gebildet, trennt man diese vorsichtig mit einem Stück Knolle ab. Bei den meisten Trieben geht das mit der Hand, ansonsten ein Messer zu Hilfe nehmen.

**03**
Stecklinge in ein Glas mit Wasser stellen, bis sie Wurzeln gebildet haben. Das Wasser regelmäßig wechseln, damit sich keine Bakterien anreichern.

**04**
Haben die Stecklinge nach einigen Wochen kräftige Wurzeln ausgebildet, können sie eingetopft werden.

**05**
Die bewurzelten Stecklinge einzeln in 7-cm-Töpfe mit torffreier Erde pflanzen.

**Große** Jungpflanzen werden umgetopft (ganz oben).

**Zum Ranken** eignen sich Bambusstäbe (oben).

**Die Triebe** werden an den Bambusstab gebunden (links).

# Pflanzen

Süßkartoffel-Jungpflanzen brauchen eine warme Umgebung, zum Beispiel ein frostfreies Gewächshaus oder ein beheiztes Zimmergewächshaus, von dem man ab Mitte Mai den Deckel abnimmt. Sobald die Pflanzen akklimatisiert sind, können sie an ihren endgültigen Platz gesetzt werden. Wenn die Wurzeln vor Mitte Mai aus den Anzuchttöpfen wachsen, es aber noch zu kalt für den endgültigen Platz ist, setzt man sie in einen doppelt so großen Topf und lässt sie darin kräftig werden.

Für die weitere Kultur sind ein großer Kübel mit torffreier Erde, ein Pflanzsack oder ein Hochbeet gut geeignet: Ich empfehle eine Pflanze pro Pflanzsack, drei Pflanzen in einen 50-cm-Kübel oder eine Pflanze pro Quadratmeter Hochbeetfläche.

# Pflegen

Die Anbausaison ist kurz und endet im Herbst, wenn die Tage kürzer werden und die Temperaturen sinken. Am besten geeignet ist ein sonniger Platz im Gewächshaus.

## Gießen und düngen

Während der Wachstumsphase gibt man wöchentlich einen Algendünger. Um den Wuchs zu fördern, wird bis zur Ernte im Herbst gedüngt. Die Erde sollte nicht austrocknen, denn die Knollen brauchen viel Feuchtigkeit, damit sie groß werden.

## Stützen und schneiden

Das Wichtigste beim Anbau von Süßkartoffeln ist zu verhindern, dass die Blattansätze die Erde berühren. Sie würden sonst Wurzeln und viele kleine Knollen bilden statt weniger großer. Süßkartoffeln an Rankhilfen nehmen weniger Platz in Anspruch. Wer sie aber trotzdem auf dem Boden anbauen möchte, legt die Fläche mit Unkrautvlies aus. Die einzigen Knollen, deren Wachstum man fördern möchte, sind die an der Ursprungspflanze.

Man kann Süßkartoffeln auch an Bambusstäben ziehen. Diese sollten dann etwa zwei Meter lang sein. Damit die Triebe nicht mit Erde in Kontakt kommen, bindet man sie mit Schnur hoch.

## Schädlinge und Krankheiten

Süßkartoffeln werden von Blattläusen, Mottenschildläusen und Spinnmilben befallen. Zum Bekämpfen eignen sich Spritzmittel auf Öl- und Seifenbasis oder Pflanzenstärkungsmittel. Das Erhöhen der Luftfeuchtigkeit (S. 114) hält Spinnmilben in Schach.

## Ernten

Süßkartoffeln entwickeln sich in kühlem Klima langsam und brauchen so viel Zeit wie möglich. Geerntet wird im Oktober oder wenn die Temperaturen unter 5 °C fallen und sie nicht mehr wachsen und gelbes Laub bekommen. Zur Ernte kippt man das Pflanzgefäß aus oder gräbt vorsichtig mit einer Handhacke nach den Knollen.

**Für die Ernte** holt man die Knollen vorsichtig aus der Erde, wenn das Laub gelb wird.

## Kalender

| | |
|---|---|
| **Januar** | - |
| **Februar** | Knollen in Wasser ins beheizte Zimmergewächshaus stellen |
| **März** | Stecklinge abnehmen, wenn sie 5–10 cm lang sind, und in Wasser bewurzeln lassen |
| **April** | Stecklinge online bestellen (nach Lieferung sofort topfen und sobald Wurzeln aus dem Topf wachsen umsetzen)<br>Bewurzelte Stecklinge topfen |
| **Mai** | Jungpflanzen an ihren endgültigen Platz setzen<br>Wöchentlich mit Algendünger düngen |
| **Juni** | Triebe hochbinden, damit sie nicht auf der Erde liegen |
| **Juli** | Triebe hochbinden |
| **August** | Triebe hochbinden |
| **September** | Triebe hochbinden |
| **Oktober** | Zum Überwintern ins Haus bringen<br>Ernten |
| **November** | Ernten |
| **Dezember** | - |

## Empfehlenswerte Sorten

**'Beauregard'** Eine der bekanntesten und ertragreichsten Sorten. Rötliche Schale und oranges Fleisch mit süßlichem Geschmack.
**'Bonita'** Bekannte hellfleischige Süßkartoffel, die gut erhältlich und für den Anbau im Gewächshaus geeignet ist. Knollen mit nussigem Geschmack.
**'Evangeline'** Braucht mehr Wärme als andere Süßkartoffeln. Wenn sie diese jedoch bekommt, bildet sie unglaublich süße, konkurrenzlos leckere Knollen.

# Zitronengras

**Diese tropische Würzpflanze liebt die Wärme des Gewächshauses im Sommer. Die zitronig schmeckenden Halme werden für asiatische Gerichte oder Currys verwendet, aus den Blättern kann man Tee machen. Zum Überwintern stellt man die Pflanze in ein helles Zimmer.**

Bei der Überlegung, welche essbaren Pflanzen wir im Gewächshaus anbauen wollen, gehört Zitronengras wahrscheinlich nicht zu den Kulturen, die einem als Erstes einfallen. Nachdem ich es aber mehrere Jahre mit großem Erfolg angepflanzt habe, gehört es für mich im Sommer genauso ins Gewächshaus wie Tomaten, Gurken und Paprika.

## Vermehren

Es gibt zwei einfache Möglichkeiten, Zitronengras zu ziehen: Die eine nutzt Samen, die andere das Bewurzeln von Halmen aus dem Supermarkt. Wer die Möglichkeit hat, einen Topf mit Zitronengras an einem frostfreien Platz mit viel Licht zu überwintern, kann die Pflanze im Frühjahr teilen. Allerdings ist das Überwintern nicht ganz einfach, daher ist es erfolgversprechender, Zitronengras im frühen Frühjahr auszusäen oder Halme bewurzeln zu lassen.

## Aussäen

Saatgut von Zitronengras ist im Handel gut erhältlich. Man beginnt im Februar mit der Aussaat (s. gegenüber). So haben die Pflanzen eine möglichst lange Wachstumszeit und können sehr groß werden. Je kühler es im Gewächshaus ist, desto langsamer entwickeln sich die Pflanzen. Sobald es im Frühsommer jedoch wärmer wird, desto schneller wachsen sie und man wird mit einer Fülle grüner Triebe belohnt.

**Schneidet man** die frischen Halme, treibt Zitronengras noch kräftiger aus.

## Anleitung

**01**
Die Samen auf die gerade Oberfläche eines mit torffreier Erde gefüllten 9-cm-Topfes legen.

**02**
Den Topf beschriften und die Samen dünn mit Vermiculit oder gesiebter Erde bedecken. Den Topf in ein beheiztes Zimmergewächshaus stellen, bis die Samen keimen. Die Sämlinge langsam an die Bedingungen im frostfrei gehaltenen Gewächshaus gewöhnen: Zuerst den Deckel entfernen (die Heizung anlassen), später den Topf aus dem Zimmergewächshaus nehmen.

**03**
Sind die Sämlinge groß genug, vereinzelt man sie in Anzuchtplatten. Wenn sie sich weit genug entwickelt haben, einzeln in 9-cm-Töpfe setzen. Mitte Mai an den endgültigen Platz pflanzen.

01

02

03

## Aus gekauften Halmen ziehen

Gekaufte Zitronengras-Halme bewurzeln schnell, wenn man sie in ein Glas mit Wasser in ein beheiztes Zimmergewächshaus stellt. An der Basis erscheinen dann die Wurzeln. Das Wasser sollte regelmäßig gewechselt werden, damit sich keine Bakterien anreichern, was zu Fäule führen würde. Haben die Halme kräftige Wurzeln gebildet, topft man sie in 9-cm-Töpfe mit torffreier Erde. Wachsen die Wurzeln aus den Abzugslöchern, kann man sie etwa Mitte Mai an ihren endgültigen Standort setzen.

**Gekaufte Halme** kann man bewurzeln lassen und dann einpflanzen.

**Drei bis fünf** Pflanzen passen in einen 30-cm-Topf. Man kann dann laufend ernten.

## Pflanzen

Ob aus Samen gezogen oder aus bewurzelten Halmen - Zitronengras gedeiht im Gewächshaus in Töpfen, Pflanzsäcken oder Beeten. Die Extraportion Wärme sorgt für starkes Wachstum und eine reiche Ernte. Aus Samen gezogene Pflanzen können unter günstigen Bedingungen bis 1,2 m hoch werden. Ich pflanze drei oder fünf in einen Topf mit einem Durchmesser von 30 cm und ernte regelmäßig. Durch die Konkurrenz im Topf wachsen die Pflanzen langsamer, aber dafür ist der Topf schneller voll. Zitronengras aus Halmen hat breitere Blätter und dickere Halme und fühlt sich in einem engeren Gefäß oder wenn es alleine steht und nicht um Nährstoffe konkurrieren muss wohler.

## Pflegen

Zitronengras ist relativ pflegeleicht und braucht nur wenig Aufmerksamkeit. Damit es üppig wächst, darf die Erde nicht austrocknen. Es darf aber auch nicht zu viel gegossen werden, sonst entsteht Staunässe und die Wurzeln sterben ab.

### Düngen

Sobald die Zitronengras-Jungpflanzen in ihren 9-cm-Töpfen angewachsen sind, brauchen sie eine wöchentliche Gabe Algendünger. Dieser sorgt dafür, dass die Pflanzen bis zur Ernte zum Ende der Wachstumssaison kräftig wachsen. Wachsen sollen vor allem die Blätter und die Stängel. Daher ist ein nährstoffreicher Dünger, zum Beispiel Brennnesseldünger (S. 82), oder ein Dünger auf Algenbasis besser geeignet als ein Produkt mit hohem Kaliumgehalt, das vor allem Blüten und Früchte fördert.

### Stützen und schneiden

Zitronengras braucht kaum geschnitten zu werden. Es reicht, totes oder welkes Laub zu entfernen, damit die Luft gut durch die Pflanze hindurchziehen kann. Das regelmäßige Düngen sorgt genau wie regelmäßiges Ernten für Neuaustriebe.

### Schädlinge und Krankheiten

Zitronengras ist kaum anfällig für Schädlinge und Krankheiten. Trotzdem sollten vor allem junge Triebe regelmäßig auf Blattläuse kontrolliert werden. Bei Befall spritzt man wöchentlich mit einem Spritzmittel auf Öl- und Seifenbasis, bis dieser eingedämmt ist.

## Ernten

Man erntet die Halme, sobald sie groß genug für die Verwendung in der Küche sind (etwa bleistiftdick). Die Pflanzen wachsen schnell und die Wachstumszeit ist relativ kurz, daher holt man das meiste aus den Pflanzen raus, wenn man regelmäßig erntet und sie so zu Neuaustrieben anregt. Das ist besser, als auf die Ernte zum Ende der Saison zu warten.

## Empfehlenswerte Sorten

Von Zitronengras, botanisch *Cymbopogon citratus*, gibt es keine Sorten oder Neuzüchtungen. Manchmal ist das kompakter wachsende *Cymbopogon flexuosus* erhältlich. Mit Samen aus dem Fachhandel kann man wenig verkehrt machen. Zitronengras aus dem Supermarkt wächst nicht so zuverlässig, da es aus wärmeren Regionen stammt.

## Kalender

| | |
|---|---|
| **Januar** | - |
| **Februar** | Aussäen oder Halme bewurzeln lasen |
| **März** | Vereinzeln und Jungpflanzen topfen |
| **April** | Wöchentlich mit Algendünger düngen |
| **Mai** | Pflanzen aus 9-cm-Töpfen an den endgültigen Platz setzen |
| **Juni** | Weiterhin düngen |
| **Juli** | Halme ernten, wenn sie bleistiftdick sind |
| **August** | Ernten |
| **September** | Ernten |
| **Oktober** | Ernten |
| **November** | Bis März im Haus überwintern |
| **Dezember** | - |

# Ingwer

**Ich liebe es, im Gewächshaus Ingwer anzubauen. Es macht mir unheimlich Spaß, etwas anzubauen, was ein wenig ungewöhnlich ist und das man überall kaufen und dann für wenig Geld vermehren kann.**

Von Ingwer nutzt man das Rhizom für kulinarische Zwecke und als Entzündungshemmer. Die frostempfindliche Nutzpflanze liebt die Wärme im Gewächshaus im Sommer. Sie kann im Haus überwintert werden, bis sie wieder ins Gewächshaus kann.

## Vermehren

Ingwerrhizome bekommt man in Supermärkten üblicherweise in der Obst- und Gemüseabteilung. In der Schritt-für-Schritt-Anleitung unten ist beschrieben, wie man daraus eigene Pflanzen ziehen kann.

## Anleitung

**01**
Ein großes, festes Ingwerrhizom wählen – weiche Stellen können faulen. Nodien oder Augen am Rhizom suchen. Daraus wachsen Blätter und Stängel.

**02**
Das Rhizom unter dem Wasserhahn oder in einer Schüssel mit Wasser waschen, um Rückstände von Chemikalien zu entfernen, die den Ingwer hindern sollen, vorzeitig auszutreiben. Denn im Supermarkt ist das nicht erwünscht, damit er länger verkauft werden kann. Für den Gärtner bedeutet es aber, dass der Ingwer länger braucht, um Wurzeln zu bilden und zu wachsen.

01

02

03

04

05

**03**
Aussaatschale bis zum Rand mit torffreier Erde füllen. Das Ingwerrhizom so hineinlegen, dass es nur zur Hälfte in der Erde steckt.

**04**
Durchdringend wässern.

**05**
Die Schale hell, aber nicht direkt in die Sonne ins beheizte Zimmergewächshaus stellen. Alternativ kann man die Aussaatschale auch mit einem durchsichtigen Plastikbeutel abdecken und auf ein helles Fensterbrett stellen. Die erhöhte Luftfeuchtigkeit fördert den Austrieb und die Wärme beschleunigt das Wachstum. Im Kunststoffbeutel wächst der Ingwer ebenfalls gut, allerdings etwas langsamer.

## Pflanzen

Üblicherweise hat der Ingwer (abhängig davon, wie warm er steht) ungefähr sechs Wochen nach dem Pflanzen einen etwa 5 cm langen Trieb gebildet und kann getopft werden. Das Rhizom breitet sich im Laufe des Sommers an der Erdoberfläche aus, daher sollte der Topf so groß sein, dass rund um das Rhizom 10 cm Platz ist. Der Topf sollte etwa 15 cm tief sein, doch der meiste Zuwachs wird an der Oberfläche gebildet.

Zum Topfen verwendet man eine torffreie Erde und legt das Rhizom so tief hinein, wie es vorher in der Aussaatschale lag. Dann gießt man es gut an. Die Ingwerpflanze wächst gut, wenn sie feucht, aber nicht zu nass steht.

**In kühleren Regionen** freut sich Ingwer über einen sonnigen warmen Platz. Bei großer Wärme profitiert er jedoch von etwas Halbschatten.

**Ingwer wächst** am besten einzeln in Töpfen in einem warmen Gewächshaus.

Kälte und Staunässe sind schädlich für das Wachstum. Daher sollte erst nur sparsam gegossen werden. Ab dem Frühsommer kann man etwa zwei- bis dreimal pro Woche gießen.

Ingwer wächst am besten im Topf, denn dann sind Erde und Dünger für die Pflanzen direkter verfügbar. Hoch- oder Bodenbeete mit durchlässiger Erde an einem hellen Standort können auch genutzt werden. Dann sollte aber sichergestellt sein, dass der Ingwer nicht im Schatten anderer Pflanzen steht.

## Pflegen

Bei Ingwer wollen wir den Sommer über einen kontinuierlichen Wuchs erreichen, damit er gute Wurzeln und kräftige Triebe bildet.

### Düngen

Sobald der Ingwer an seinem endgültigen Platz steht und es etwa Ende Mai wärmer und heller wird, beginnt man, einmal wöchentlich einen Dünger auf

**Vor dem Gießen** prüft man, ob die Erde trocken ist, um Staunässe zu vermeiden.

## Kalender

| | |
|---|---|
| **Januar** | Im Zimmer überwintern |
| **Februar** | Im Zimmer überwintern |
| **März** | Im Zimmer überwintern |
| **April** | Im Zimmer überwintern |
| **Mai** | Ans Gewächshaus gewöhnen, wöchentlich düngen |
| **Juni** | Wöchentlich einen Algendünger verabreichen |
| **Juli** | Düngen |
| **August** | Düngen |
| **September** | Düngen |
| **Oktober** | Ernten, teilen, eintopfen |
| **November** | Im Zimmer überwintern |
| **Dezember** | Im Zimmer überwintern |

Algenbasis zu verabreichen. Man setzt die Düngung bis Ende September fort. Dann können die Rhizome geerntet werden.

### Stützen und schneiden

Den Sommer über braucht der Ingwer nur wenig Aufmerksamkeit. Man entfernt abgestorbene oder welkende Blätter, sodass die Luft gut durch die Pflanzen ziehen kann. Wächst das Rhizom sehr schnell und stößt an den Rand des Topfes, setzt man es in ein etwas größeres Pflanzgefäß, damit es weiter wachsen kann.

### Schädlinge und Krankheiten

Meiner Erfahrung nach ist Ingwer wenig anfällig für Schädlinge und Krankheiten. Höchstens Blattläuse und Wollläuse verursachen manchmal Probleme. Sobald sich diese saugenden Insekten zeigen, gibt man wöchentlich ein Pflanzenstärkungsmittel oder entfernt die Schädlinge mit Daumen und Zeigefinger.

## Ernten

Bekommt Ingwer den Sommer über Wärme und Licht, kann das Rhizom im Herbst geerntet werden. Wenn die Abende kühler werden und nachts die Temperaturen anziehen, wächst das Rhizom immer langsamer. Da im Herbst und Winter wenig Zuwachs zu erwarten ist, wird Ingwer meist am Anfang des Herbstes geerntet.

Für die nächste Ernte hält man einige Rhizomstücke zurück, topft sie ein und stellt sie ins Zimmer. Ein sonniges Fensterbrett in einem frostfrei gehaltenen Raum ist ein guter Platz zum Überwintern und sichert den neuen Austrieb im nächsten Frühjahr.

## Empfehlenswerte Sorten

Höchstwahrscheinlich verwendet man ein Rhizom aus dem Supermarkt. Die besten Chancen auf Erfolg hat man mit großen, dicken Stücken mit vielen Nodien oder Augen. Es gibt kaum Ingwersorten für Gärtner, aber vielleicht ändert sich das in Zukunft.

# Erdbeeren

**Winter und Frühjahr sind für Gärtner eine echte Herausforderung, denn dann müssen sie sich entscheiden, was sie im Gewächshaus anbauen wollen. Die köstlichen, leuchtend roten Erdbeeren sind ein Must-have und passen in Hochbeete, Töpfe oder Ampeln.**

Es gibt im Frühsommer nichts, was den Vergleich mit reifen Erdbeeren standhält - frisch und von der Sonne im Gewächshaus gewärmt. Der Schutz und die Extraportion Wärme im Gewächshaus sorgen für eine frühere Ernte, als man sie im Garten erwarten kann. Mit einer Ampel mit fünf Erdbeerpflanzen kann man sich regelmäßig mit leckeren Früchten belohnen oder einmal etwas Größeres zubereiten.

## Vermehren

Ab Juni beginnen Erdbeerpflanzen Ausläufer zu bilden, an denen Kindl (Jungpflanzen) wachsen. In den ersten beiden Jahren entfernt man diese Ausläufer, denn die Pflanzen sollen ihre Energie darauf konzentrieren, Wurzeln und Früchte zu bilden. Man wartet bis zum dritten Jahr, bevor man mit der Vermehrung und dem Ziehen der nächsten Pflanzengeneration beginnt. Die alten Pflanzen werden dann meist schwächer. Zu diesem Zeitpunkt lässt man die Ausläufer an den Pflanzen. Bilden sich an deren Enden Jungpflanzen, steckt man diese in mit torffreier Erde gefüllte 9-cm-Töpfe. Beim Kontakt mit der Erde bilden die Kindl Wurzeln. Sobald sie in den Töpfen angewachsen sind, kann man sie von der Mutterpflanze trennen.

## Pflanzen

Es gibt verschiedene Möglichkeiten, Erdbeeren im Gewächshaus oder unter einem Pflanztunnel (S. 32) anzubauen. Jungpflanzen bekommt man meist im Herbst in Gartencentern oder Gärtnereien. Pflanzt man diese Ende September oder Anfang Oktober, können sie, bevor der harte Winter beginnt, anwachsen und im nächsten Sommer schon Früchte tragen.

Beim Anbau von Erdbeeren in Ampeln nutzt man den Raum im Giebel des Gewächshauses. Auch sind die kostbaren Früchte dort vor vielen Schädlin-

**Zum Bepflanzen** kann man Ampeln auf einen Tontopf stellen. In eine Hängeampel passen rund um den Rand vier Pflanzen und eine in die Mitte.

**In einer Ampel** im Gewächshaus sind die Früchte vor Schnecken geschützt und die Pflanzen können sich schon früh im Jahr entwickeln.

**Die Ampel mit Erdbeeren hängt man möglichst nur so hoch, dass man die Früchte bequem ernten kann.**

gen geschützt. Dank des hängenden Wuchses der Pflanzen erlaubt es der Anbau in Ampeln, dass die Früchte rundum gleichmäßig reifen. In eine Ampel mit 36 cm Durchmesser passen fünf Erdbeerpflanzen. Vier pflanzt man an die Seiten und lässt sie über den Rand wachsen. Die fünfte setzt man in die Mitte des Topfes. Jede torffreie Erde ist geeignet, solange man die Pflanzen, wenn sie heranwachsen, zusätzlich mit Nährstoffen versorgt.

Pflanztunnel mit 30 cm Höhe und 60 cm Breite bieten einer Reihe Erdbeerpflanzen ausreichend Platz und die Luft kann gut zirkulieren. Erdbeerpflanzen gedeihen gut in nährstoffreichem, durchlässigem Boden und lieben einen sonnigen Standort. Vor dem Pflanzen verteilt man eine 5 cm dicke Schicht reifen Mist oder Kompost auf dem Beet und arbeitet ihn leicht in den Boden ein. Die zusätzlichen Nährstoffe helfen den Jungpflanzen sich gut zu entwickeln. Die Erdbeerpflanzen werden

## Kalender

| | |
|---|---|
| **Januar** | Wenig gießen |
| **Februar** | Stärker gießen und bis zur Fruchtbildung wöchentlich mit Algendünger düngen |
| **März** | Bei Wärme belüften |
| **April** | Bei Wärme belüften, Bestäubung kontrollieren |
| **Mai** | Ernten |
| **Juni** | Ernten |
| **Juli** | An ein- und zweijährigen Pflanzen Ausläufer entfernen |
| **August** | - |
| **September** | Pflanzen |
| **Oktober** | Pflanzen |
| **November** | Wenig gießen |
| **Dezember** | Wenig gießen |

**Erdbeeren sind vielseitige** Pflanzen: Man kann sie in Töpfen, Beeten, Ampeln und Pflanzsäcken oder unter Pflanztunneln anbauen.

mit einem Abstand von 30 cm gepflanzt und gut angegossen, damit sie unter der Folie nicht austrocknen. An warmen Tagen kann man die Tunnelseiten öffnen, sodass Luft hindurchziehen kann und die Bestäuber an die Blüten kommen. Sobald sich Früchte bilden, verteilt man Stroh unter den Pflanzen, damit die Früchte nicht auf der feuchten Erde liegen und faulen.

## Gießen und düngen

Erdbeeren im Gewächshaus oder in Pflanztunneln müssen gegossen werden. Im Winter dürfen sie jedoch nicht zu nass gehalten werden. Es reicht, wenn sie so feucht stehen, dass die Blätter nicht austrocknen. Sobald die Pflanzen Früchte ansetzen, wird mehr gegossen. Es gibt keine festen Regeln für das Gießen, denn kleine Pflanzen brauchen bei niedrigen Temperaturen und wenig Licht wenig Wasser. Wenn es dagegen warm ist und die Früchte in der Reifephase sind, brauchen die Pflanzen öfter Wasser. Im Zweifelsfall gießt man lieber weniger, dafür aber öfter, denn Übergießen führt zur Fäulnis und die Nährstoffe im Boden werden ausgewaschen.

Ähnlich sieht es beim Düngen aus: Zu viel Dünger bringt die Pflanze dazu, weniger Früchte anzusetzen, dafür aber mehr Blätter zu bilden. Die meisten torffreien Erden enthalten ausreichend Nährstoffe für vier bis sechs Wochen. Im Winter wachsen Erdbeeren sehr langsam. Wird es im Februar dann wärmer und heller, profitieren Pflanzen in Töpfen, Ampeln und Beeten und unter Pflanztunneln von einer wöchentlichen Gabe Algendünger.

## Stützen und schneiden

Im Winter brauchen Erdbeeren wenig Aufmerksamkeit, man entfernt nur abgestorbenes oder welkes Laub. An warmen sonnigen Wintertagen kann es im Gewächshaus jedoch 15–20 °C warm werden. Dann sollte man dafür sorgen, dass die Luft um die Erdbeerpflanzen gut zirkulieren kann. Im unbeheizten Gewächshaus blühen Erdbeeren etwa Ende April. Vier bis sechs Wochen danach beginnen die Beeren zu reifen. Die Belüftung an den warmen Tagen ist auch deshalb wichtig, weil die Bestäuber dann die Blüten besuchen können, was für eine reiche Ernte sorgt. Sollten nicht genug Bestäuber ins Gewächshaus kommen, kann man mit einem weichen Pinsel über die Staubgefäße und Narben verschiedener Blüten streichen. So ahmt man die Bestäuber nach.

## Schädlinge und Krankheiten

Damit die Pflanzen den Winter über gesund bleiben, entfernt man abgestorbenes und welkes Laub und hält die Erde unkrautfrei. Regelmäßig sollten auch die Blattunterseiten und die jungen Triebspitzen auf Blattläuse kontrolliert werden. Diese kann man mit den Fingern abstreifen oder einmal wöchentlich ein Pflanzenstärkungsmittel ausbringen, bis die Schädlinge bekämpft sind.

Dickmaulrüssler schädigen Erdbeerpflanzen ebenfalls. Sie lieben die Früchte und kommen in feuchtem Boden häufiger vor. Man hält sie in Schach, indem man die Erde zwischen dem Gießen leicht austrocknen lässt. Welkendes Laub kann ein Zeichen dafür sein, dass die Larven in der Erde im Topf oder in der Ampel sitzen. Es gibt Nützlinge, die, sofern man sie frühzeitig einsetzt, gegen die Larven wirken. Sind die Pflanzen stark geschädigt, erholen sie sich nur schwer. Manchmal ist es dann am besten, sie auf dem Kompost zu entsorgen.

Auch auf Botrytis (Grauschimmelfäule) muss man achten, wenn man Erdbeeren anbaut. Durch häufiges Belüften und das Entfernen abgestorbener und welker Blätter kann man sie unter Kontrolle halten.

Schnecken können ebenfalls Probleme bereiten. Man kann sie biologisch mit Bierfallen und umgedrehten Grapefruitschalen fangen und entfernen. Es gibt auch kinder- und haustierfreundliches Schneckenkorn. Erdbeerpflanzen in Ampeln sind automatisch vor Schnecken geschützt.

## Ernten

Im Freien beginnt die Erdbeersaison im Süden von Deutschland ab etwa Mitte Mai, im Norden etwas später. Pflanzen, die im beheizten oder frostfreien Gewächshaus stehen, setzen etwa vier Wochen früher Früchte an als Erdbeerpflanzen im Garten. Unter Pflanztunneln sind die Früchte etwa zwei Wochen früher reif als im Garten.

Sobald in Ampeln kultivierte Pflanzen abgeerntet sind, kann man sie im Garten ins Erdbeerbeet setzen und noch einige Jahre beernten. Danach lässt man die Pflanzen Ausläufer bilden und kann eine neue Generation Erdbeeren heranziehen. Erdbeerpflanzen, die unter einen Pflanztunnel standen, können die nächsten Jahre im Garten kultiviert werden. Man entfernt dafür einfach nach der Ernte die Abdeckung.

## Empfehlenswerte Sorten für frühe Ernte

**'Mara de Bois'** Früchte mit intensiv süßem Geschmack, der an Walderdbeeren erinnert, und mit aromatischem Duft. Immertragend von Sommer bis Herbst. Gut geeignet für Marmeladen.

**'Ostara'** Mehrmals tragende und daher ertragreiche Sorte mit großen aromatischen Früchten. Kann bis in den Herbst geerntet werden. Wenig anfällig für Krankheiten.

**'Cambridge Favourite'** Eine sehr bekannte Sorte, da sie sehr zuverlässig trägt. Die Früchte bleiben lange an der Pflanze und bleiben frisch. Sie sind mittelgroß, relativ widerstandsfähig gegen Krankheiten und schmecken gut.

**'Cambridge Favourite'** ist nicht ohne Grund beliebt. Sie ist zuverlässig, widerstandsfähig und köstlich – eine gute Wahl für Hängeampeln.

# Pfirsiche und Aprikosen

**Auch ohne herrschaftliches viktorianisches Gewächshaus lassen sich Pfirsiche und Aprikosen anbauen. Viele moderne Sorten bleiben kompakt und gedeihen in Kübeln. So kann man sie im Winter leicht ins Gewächshaus transportieren und ihnen Schutz verschaffen.**

Wer keinen geschützten Garten hat, muss Pfirsich- und Aprikosenbäume im Winter vor Nässe schützen, damit sie eine reiche Ernte bringen. Auch im Vorfrühling ist ein Schutz notwendig, der die Bäume gesund hält und gute Bedingungen für die Befruchtung schafft. Pfirsiche und Aprikosen vertragen kalte Winter, nasse aber nicht. Ein unbeheiztes Gewächshaus ist ein guter Ort für die Überwinterung. Ab Mai bis zum Laubfall stellt man sie ins Freie.

## Was ist veredeln?

Der obere Teil, Edelreis genannt, bildet den fruchttragenden Teil des Baumes. Er wird nach Ertrag, Geschmack und Widerstandsfähigkeit gegen Krankheiten ausgewählt. Die Unterlage, auf die das Edelreis veredelt wird, bestimmt die Wuchskraft des Baumes. Für Aprikosen und Pfirsiche, die im Kübel wachsen sollen, ist eine Unterlage notwendig, die den Baum kompakt wachsen lässt.

## Vermehren

Es ist zwar möglich, Aprikosen und Pfirsiche aus Samen zu ziehen, führt aber nur selten zu Bäumen mit vielen und guten Früchten. Besser ist es, Sorten, die auf eine passende Unterlage veredelt wurden, in einer guten Baumschule zu kaufen. Für Terrassen gibt es zahlreiche geeignete Sorten. Bei ihnen sorgt die Unterlage dafür, dass die Bäume kompakt bleiben und viele Jahre im Kübel stehen können.

## Pflanzen

Die beste Zeit für die Pflanzung ist von November bis März, wenn die Bäume in der Ruhephase sind und keine Blätter haben. Sie wachsen besser an und haben weniger Stress. Im Beet sowie im Kübel sollte die Erde für Aprikosen und Pfirsiche durchlässig sein. Ein Pflanzgefäß muss zudem im Boden Abzugslöcher und eine gute Drainage haben. In die torffreie Pflanzerde mischt man deshalb mehrere Handvoll Kies.

## Anleitung

**01**
Eine dicke Schicht Tonscherben oder Steine in den Topf füllen. So werden die Abzugslöcher nicht mit Erde verstopft und Wasser kann ablaufen. Pfirsiche und Aprikosen dürfen nicht in Staunässe stehen. Im Winter ist das besonders wichtig.

**02**
Den Kübel zur Hälfte mit torffreier Erde füllen und für bessere Wasserdurchlässigkeit einige Handvoll Kies daruntermischen.

**03**
Den Baum aus dem Topf ziehen und die Wurzeln vorsichtig lockern. So wächst er besser an.

**04**
Den Baum so hoch in den Kübel setzen, wie er vorher im Topf stand.

**05**
Den Kübel um den Wurzelballen mit Erde auffüllen. Dabei Hohlräume vermeiden, da sie das Wurzelwachstum stören.

**06**
Die Erde gut andrücken und kräftig angießen, damit sie sich setzt.

**Das Befruchten** macht man am besten per Hand, da zur Blütezeit wenige Bestäuber unterwegs sind.

# Pflegen

Für eine gute Ernte brauchen Aprikosen- und Pfirsichbäume etwas Aufmerksamkeit.

## Düngen und gießen

Damit die Gehölze gesund und gleichmäßig wachsen, gibt man im ersten Jahr von Anfang März bis Ende September wöchentlich einen Flüssigdünger auf Algenbasis. Sind die Bäume voll belaubt, muss regelmäßig gegossen werden. Sobald sich die Blätter im Herbst verfärben, gießt man weniger und hält den Wurzelballen trockener. Im Winter gießt man gerade so viel, dass der Baum am Leben bleibt. Zu viel Wasser führt zu Wurzelfäule. Vom zweiten Jahr an entfernt man jedes Jahr zum Ende des Winters die obersten 5 cm Erde und ersetzt sie durch frisches, torffreies Substrat. Dies stärkt die Wurzeln und den Baum. Bildet der Baum Blätter und Blüten, gießt man stärker. Gedüngt wird ab Anfang März.

## Stützen und schneiden

Beginnt der Baum zu wachsen, entfernt man Triebe, die außerhalb der Krone wachsen, um der Krone eine symmetrische Form zu geben. Tote, kranke oder beschädigte Triebe schneidet man ins gesunde Holz zurück. Geschnitten werden Aprikosen- und Pfirsichbäume nur in der Wachstumszeit (März bis September), sonst werden sie anfällig für Bleiglanz. Die Pilzkrankheit tritt meist in den Wintermonaten auf und gelangt durch Wunden in den Baum. Beim Schneiden ist Zurückhaltung angesagt, denn die Unterlage reguliert die Wuchskraft des Baumes. Es reicht, die Krone in einer guten Form zu halten, ohne größere Triebe zu entfernen. Die Bäume sollten bis Mitte Mai im Gewächshaus vor Frost geschützt werden.

Aprikosen und Pfirsiche blühen im Februar und März, wenn sie noch im Gewächshaus stehen. Zu

## Spalierobst erziehen

**Aprikosen und Pfirsiche kann man als Fächerspalier ziehen. Die Drähte sind im Abstand von 30 cm gespannt.**

**Zwei Seitentriebe** mit Stäben im 40°-Winkel befestigen. Den Haupttrieb entfernen, die Seitentriebe auf 45 cm einkürzen.

**Im Frühling** die Seitentriebe um ein Drittel einkürzen. Neue Triebe im Sommer an weitere Drähte binden. Nach innen und außen zeigende Triebe entfernen.

**Haupttriebe** im Frühjahr um ein Viertel einkürzen. Eng stehende Seitentriebe entfernen. Gewünschte Triebe an Stäben festbinden.

1. Jahr, Vorfrühling

2. Jahr, Vorfrühling und Sommer

3. Jahr, Vorfrühling und Sommer

dieser Zeit sind kaum Bestäuber unterwegs. Man überträgt zur Befruchtung daher die Pollen mit einem weichen Pinsel von einer Blüte zur anderen. Auf diese Weise bestäubt man die Bäume möglichst mehrmals während der Blütezeit.

Setzen die Bäume im April Früchte an, dünnt man diese auf 10 cm Abstand aus, damit der Baum nicht überlastet ist und die Früchte größer werden.

### Schädlinge und Krankheiten

Blattläuse und Spinnmilben treten häufig an Steinobst im Gewächshaus auf. Stellt man die Bäume im Sommer ins Freie, wird der Befall weniger. Spinnmilben können durch höhere Luftfeuchtigkeit und das Entfernen von Hand oder ein wöchentliches Besprühen mit einem Pflanzenstärkungsmittel bekämpft werden. Trieb- und Spitzendürre kann man durch Rückschnitt eindämmen.

**Für ein Fächerspalier** bindet und schneidet man die Äste in Form.

## Empfehlenswerte Sorten

- **'Tomcot'** Besonders ertragreiche und zuverlässige Aprikosensorte. Sie wurde als Balkonsorte gezüchtet und wird nicht höher als 1,20 m.
- **'Peregrine'** Diese Pfirsichsorte hat weißes Fleisch, das süß und saftig ist. Außerdem trägt sie zuverlässig. Mit etwas Schnitt wird sie nicht höher als 1,20 m.

**'Tomcot'** liefert von Juli an eine reiche Ernte mit wundervoll geformten Früchten.

## Ernten

Sowohl Pfirsiche als auch Aprikosen werden am Baum weich, bevor sie reif sind. Zur Reifezeit weht ein süßlicher Duft um die Früchte. Auf den Boden gefallene Früchte oder kräftig gefärbte sind ein Zeichen dafür, dass geerntet werden kann. Meist ist das im Juli der Fall.

### Kalender

| | |
|---|---|
| **Januar** | Nicht schneiden |
| **Februar** | Blüten bestäuben |
| **März** | Blüten bestäuben und mit dem Düngen beginnen |
| **April** | Früchte ausdünnen |
| **Mai** | Weiter düngen und gießen |
| **Juni** | Düngen und gießen |
| **Juli** | Ernten |
| **August** | Ernten |
| **September** | Düngen und gießen |
| **Oktober** | Düngen einstellen und weniger gießen |
| **November** | Nicht schneiden |
| **Dezember** | Nicht schneiden |

# Zitruspflanzen

**Zu den Zitruspflanzen gehören Zitronen, Limetten, Grapefruit, Kumquats, Orangen, Mandarinen, Clementinen und Satsumas - und das sind noch nicht alle. Sie stammen aus den subtropischen und tropischen Regionen in Asien und Australien, lieben Wärme und hohe Luftfeuchtigkeit. Frost vertragen sie nicht, weswegen sie im Winter den Schutz des Gewächshauses brauchen.**

Um Zitruspflanzen in kühleren Regionen erfolgreich anzubauen, muss man sie in Kübel pflanzen. So können sie den Sommer im Freien verbringen und im Gewächshaus Schutz finden, sobald es unter 5°C kalt wird.

## Vermehren

Die meisten Zitruspflanzen, die in Nord- und Mitteleuropa Früchte tragen, sind spezielle Sorten, die auf Unterlagen veredelt wurden, die mit den hiesigen Witterungsbedingungen zurechtkommen. Man kann Zitruspflanzen leicht aus Kernen ziehen. Solche Pflanzen bilden aber meist keine Früchte.

## Pflanzen

Der Kübel muss relativ groß sein, Abzugslöcher haben und tiefer als breit sein. Auch ein guter Stand ist wichtig, sonst kippen die Pflanzen bei Wind um. Kübel mit einer breiten Basis, aber einer engen Öffnung oben, sind weniger geeignet, da sie das Umtopfen erschweren, weil man den Kübel dann meist opfern muss. Zitruspflanzen können mit einem kleinen Wurzelballen gut überleben und müssen nicht häufig umgetopft werden. Erst wenn der Baum sich selber aus dem Topf schiebt, ist es Zeit, ihn in einen größeren Kübel zu verpflanzen.

**Die Früchte** entstehen aus den Blüten und reifen langsam - manchmal über Monate.

Beim ersten Umpflanzen oder Umtopfen verwendet man eine spezielle Zitruspflanzenerde oder eine Moorbeetpflanzenerde, unter die man 25 Prozent Kies mischt, um die Durchlässigkeit und das Gewicht zu erhöhen.

## Pflegen

Das Wichtigste sind eine ausgewogene Erdmischung, eine gute Dünge- und Gießroutine und die Kontrolle auf Schädlinge.

### Düngen

Zitruspflanzen vertragen keine basische Erde mit einem hohen pH-Wert. Man gießt sie möglichst mit Regenwasser. In Regionen mit hartem Leitungswasser ist das besonders wichtig. Stagniert das Wachstum oder der Fruchtansatz, kann die fehlende Aufnahme von Eisen das Problem sein. Ein Rhododendron- oder Zitrusdünger sollte Abhilfe schaffen. Reicht er nicht aus, kann man mit Schwefellinsen oder -pulver den pH-Wert der Erde senken und den Baum so wieder mit neuem Leben erfüllen.

Zitruspflanzen brauchen das ganze Jahr über Dünger. Es gibt spezielle Dünger zu kaufen, generell fördert aber eine stickstoffbetonte Düngung im Sommer den Austrieb und verhindert frühzeitigen Fruchtfall. Wenn im Winter und Frühling die Blüten und Fruchtansätze gebildet werden, halten die Hauptnährstoffe von einem Universaldünger, zum Beispiel ein Algendünger, die Pflanzen gesund und ertragreich. Viele Hersteller bieten Winter- und Sommerdünger an.

Während der Wachstumszeit sollten Zitruspflanzen nicht austrocknen. Im Winter wachsen sie jedoch langsam oder gar nicht und die Wurzeln nehmen kein Wasser auf. Zusätzliche Feuchtigkeit lässt die Wurzeln faulen und absterben. Im Winter sollten Zitruspflanzen deshalb zwar trocken gehalten werden, aber nicht austrocknen. Zu Beginn des Austriebs wird dann wieder mehr gegossen.

**Regenwasser** eignet sich gut zum Gießen (rechts). Mit Schwefellinsen und Kompost kann man den pH-Wert der Erde senken.

## Stützen und schneiden

Prinzipiell kann man die Pflanzen das ganze Jahr über durch Schnitt formen. Die beste Zeit dafür ist jedoch direkt nach der Fruchtbildung und vor dem zweiten Austrieb. Ein leichter Rückschnitt fördert das Verzweigen und verhindert lange, ungünstig wachsende Triebe. Man schneidet über einem Blattansatz und zwar so, dass der Austrieb in die gewünschte Richtung zeigen wird. Die Blüten werden an altem und neuem Holz gebildet. Triebe aus der Unterlage sollten entfernt werden. Im Frühjahr treiben die Pflanzen kräftig aus. Das ist normal. Werden Triebe zu dominant und stören die Symmetrie der Pflanze, entfernt man die Triebspitze, sodass die weiter unten liegenden Triebe gefördert werden. Es ist besser, die Pflanzen durch einen jährlichen leichten Schnitt in Form zu halten, als sie stark zurückzuschneiden, was hässliche Stümpfe verursacht.

**Kontrolliert man** die Blätter regelmäßig, kann man so früh wie möglich gegen Schädlinge eingreifen.

## Schädlinge

Verschiedene Schädlinge (S. 124) können an Zitruspflanzen Probleme verursachen.

### Spinnmilben

Sie verursachen, indem sie Honigtau ausscheiden, in der Folge Rußtau, außerdem werden die Blätter fleckig, verfärben sich und fallen schließlich ab. Feine Gespinste sind ein Anzeichen für einen Befall. Nützlinge, eine vorbeugende wöchentliche Gabe eines Pflanzenstärkungsmittels oder das Ins-Freie-Stellen der Pflanzen im Sommer verringern den Befall. Rußtau kann man entfernen, indem man die Blätter mit warmer Seifenlauge abwäscht.

### Mottenschildläuse und Blattläuse

Ein Zeichen für den Befall sind Wolken kleiner weißer »Fliegen«, die beim Berühren der Blätter aufsteigen oder Blattlauskolonien an den Triebspitzen und Knospen. Abhilfe schafft man durch Nützlinge, das wöchentliche Besprühen mit einem Pflanzenstärkungsmittel und indem man die Pflanze ins Freie stellt.

### Wollläuse

Die saugenden Insekten sitzen an den Blattunterseiten oder in den Blattachseln. Honigtau ist ein erstes Anzeichen für einen Befall, später zeigt sich eine wollige Substanz auf Blättern und Triebspitzen. Darin sitzen unzählige Eier. Dieser Schädling ist im Gewächshaus schwer in den Griff zu bekommen. Eine Möglichkeit, den Befall niedrig zu halten, ist es, die Insekten mit Brennspiritus zu bepinseln. Auch Nützlinge sind erhältlich und im Gewächshaus sehr effektiv. Ein Sommerurlaub im Freien sorgt ebenfalls für ein Zurückgehen des Befalls.

### Schildläuse

Schildläuse unterscheiden sich im Aussehen von den anderen Zitrusschädlingen, sind aber genau so lästig. Sie saugen den Pflanzensaft und geben Honigtau ab, auf dem Rußtau wächst. Schildläuse zeigen sich als kleine braune Buckel an den Triebspitzen oder auf Blättern und Stängeln. Größere kann man mit dem Finger abkratzen. Auch das Bepinseln mit Brennspiritus hilft.

### Dickmaulrüssler

Die meisten Schäden verursachen die Larven, die in der Erde leben und die Wurzeln fressen. Am liebsten sind ihnen junge Wurzelspitzen, wodurch die Blätter absterben. Vorbeugend sollten zweimal im Jahr (im Frühling und Herbst) Nematoden ausgebracht werden. Hält man die Zitruspflanzen im Winter trocken, verhindert das ebenfalls einen Befall.

## Kalender

| | |
|---|---|
| **Januar** | Winterdüngung, Ernten |
| **Februar** | Winterdüngung, Ernten |
| **März** | Schneiden und topfen (falls notwendig) |
| **April** | Winterdüngung |
| **Mai** | Sommerdüngung |
| **Juni** | Sommerdüngung, Blüte |
| **Juli** | Sommerdüngung, Blüte |
| **August** | Sommerdüngung, Blüte |
| **September** | Sommerdüngung |
| **Oktober** | Winterdüngung |
| **November** | Winterdüngung, Ernten |
| **Dezember** | Winterdüngung, Ernten |

## Empfehlenswerte Sorten

**Citrus × meyeri 'Meyer'** Tolle Zitronensorte für Anfänger und bei wenig Platz, da sie kompakt wächst. Toleriert niedrige Temperaturen, wächst kompakt und ist zuverlässig in der Fruchtbildung.

## Ernten

Die Früchte werden zwischen Oktober und März geerntet, können aber auch zu anderen Zeiten gebildet werden. Sie müssen nicht ausgedünnt werden, da die Bäume Früchte, die sie nicht zur Reife bringen können, von selbst abstoßen.

# Blumen

**Blumen im Gewächshaus anzubauen mag wie Luxus wirken, denn klassischerweise dient der Anbau unter Glas einem profaneren Zweck: der Produktion von Lebensmitteln. Es gibt jedoch viele Blühpflanzen, mit denen man das Gewächshaus das ganze Jahr optimal nutzen und es zu einem schönen Ort machen kann. Viele eignen sich außerdem als Schnittblumen für die Vase.**

Die eigenen Schnittblumen oder Blühendes fürs Gewächshaus anzubauen ist eine große Freude. Früh blühende Zwiebelblumen, Levkojen, Anemonen und Ranunkeln liefern schon früh im Jahr Farben und Düfte. Ihnen folgen Zinnien, Tagetes und Sommerzwiebelblumen, die den Sommer und Herbst über blühen. Im Sommer stehen Tomaten, Gurken und Paprika oft im Mittelpunkt und der Platz im Gewächshaus ist meist eher knapp. Winter und Frühling sind jedoch Jahreszeiten, die mehr Raum für Spielereien lassen, sodass man ohne schlechtes Gewissen Blühpflanzen und Schnittblumen anbauen kann.

## Winterschutz

Im Winter kann das Gewächshaus genutzt werden, um Pflanzen Schutz zu bieten, die zwar niedrige Temperaturen vertragen, aber empfindlich auf zu viel Nässe reagieren. Ranunkeln und Anemonen, die man im Herbst pflanzt, sind Beispiele für Pflanzen, die im Gewächshaus besser aufgehoben sind. Dort wachsen sie im Winter langsam, um dann im Frühjahr in Schwung zu kommen und großzügig Blüten zu spenden, bis sie im Frühsommer Platz machen für essbare und dekorative Sommerkulturen.

Auch früh blühende Zwiebelblumen können im Garten durch Starkregen oder Wind geschädigt werden. Einige davon in Töpfe zu pflanzen, die man ins Haus holen oder als Schmuck im Gewächshaus lassen kann, hat den Vorteil, dass die Blüten in der geschützten Umgebung nicht kaputt gehen. Einige Pflanzen bleiben von Natur aus recht klein. Sich an den Details ihrer Blüten zu erfreuen, ist deshalb schwierig, denn die Blüten stehen knapp über dem Boden. Pflanzt man Blumen wie Krokus, Zwerg-Iris und kleinblütige Osterglocken jedoch in Töpfe, kann man sie auf Blumentreppen stellen und so ihre außergewöhnliche Schönheit und ihren Duft in angenehmer Höhe genießen.

Viele schöne Blühpflanzen sind nicht winterhart und brauchen den Winter über den Schutz des Gewächshauses, um Frost und extreme Witterung zu überstehen. Dahlien, Geranien, Fuchsien und

## Diese Blumen sind im Gewächshaus einfach anzubauen

- Frühlings-Zwiebelblumen (S. 204)
- Beet- und Balkonpflanzen in Töpfen und Blumenampeln (S. 208)
- Fuchsien und Geranien (S. 208)
- Zinnien (S. 202)
- Tagetes
- Anemonen (S. 199)

**Osterglocken** (unten) oder Ranunkeln (rechts) profitieren im Gewächshaus von dem Schutz vor Nässe.

## Für Fortgeschrittene

- Ranunkeln (S. 199)
- Levkojen (S. 200)
- Sommer-Zwiebelblumen (S. 207)

Vanilleblumen kann man in den kalten und dunklen Monaten in einer Ruhephase halten und sie wieder antreiben, wenn die Bedingungen besser geworden sind. Einige Pflanzen dürfen im Winter nicht gedüngt und nur sehr wenig gegossen werden (S. 196), denn frische Austriebe sind sehr empfindlich und anfällig für Schädlinge. Es fällt schwer, im Winter nicht aktiv zu werden und die Pflanzen zum Austreiben zu bringen. Doch solange es nicht wärmer ist, würde man den Pflanzen damit mehr Schaden zufügen als ihnen Gutes zu tun.

## Vorsprung verschaffen

Unser Gewächshaus ist im Winter und Vorfrühling sehr nützlich. Wir ziehen dort Pflanzen für den Garten oder für Töpfe, bis die Verhältnisse im Freien es zulassen, sie ins Freie zu bringen, die aber jetzt den Schutz des Gewächshauses brauchen. Wir ziehen Jungpflanzen für Kübel und Blumenampeln vor oder kultivieren Wicken und Chrysanthemen, die wir später als Schnittblumen verwenden wollen. Das ist einfacher, als man meinen mag. Stehen die Jungpflanzen im Vorfrühling im Schutz und in der Wärme des Gewächshauses, sind sie besser entwickelt, robuster und blühen früher als solche, die in kühleren Verhältnissen gezogen wurden oder die man später im Jahr gekauft hat.

Der Anbau von Blumen im Gewächshaus sollte nie als Faulheit oder Luxus-Alternative zum Anbau von Nahrungsmitteln betrachtet werden. Zu den schönsten Vorteilen eines eigenen Gewächshauses gehört es, dass Sie Ihre Pflanzen dort so anbauen und pflegen können, wie Sie es möchten, indem Sie eine Umgebung schaffen, die Ihnen Erfüllung und Freude verschafft. In einem Teil des Gewächshauses Zierpflanzen anzubauen ist eine Möglichkeit, es zu einem schönen und vielfältigen Ort zu machen.

# Tropische Pflanzen

**Gewächshäuser sind perfekte Orte, um exotischen Pflanzen im Frühjahr Schutz zu geben. Sie danken es den Sommer über mit Flower Power für Beete und Kübel.**

Würde man Tropenpflanzen wie Blumenrohr, Bananen, Begonien und Dahlien in kühleren Regionen im Freien lassen, würden sie im Winter absterben. Sie stammen aus Gegenden in Südamerika und Asien mit warmem Klima und sind keinen Frost gewohnt. Im frostfrei gehaltenen Gewächshaus überwintern sie jedoch in einer Ruhephase und treiben dann früher im Jahr wieder aus. So entstehen große und weit entwickelte Pflanzen, die man nach den letzten Frösten ins Beet setzen kann.

## Blumenrohr *(Canna)*

*Canna* stammen ursprünglich aus den Anden und haben farbenfrohes Laub, das auch im Spätsommer noch ein Hingucker ist, wenn andere Pflanzen schon ihre Strahlkraft verlieren. Man kann sie in Kübel oder Beete setzen, wo sie willkommene Hintergrundpflanzen sind.

*Canna* können an geschützten, durchlässigen Standorten kurze Frostperioden überstehen, wenn man die Wurzeln mit einer dicken Mulchschicht schützt. Sicherer ist es jedoch, sie vor den ersten Frösten auszugraben und in einem Kübel mit torffreier Erde ins frostfrei gehaltene Gewächshaus zu stellen. Da die Blätter sowieso absterben würden, schneidet man sie auf 5 cm zurück. Im Frühling treiben *Canna* neu aus und können dann auch wieder mehr gegossen werden. Ab Ende Mai gewöhnt man die Pflanzen an die Temperaturen im Freien oder topft sie um.

***Canna*** sorgen mit ihren klaren grafischen Formen und der auffälligen Farbe für einen tropischen Look.

## Tipp

Für besseren Schutz und höhere Umgebungstemperatur durch effektiveres Heizen kann man Luftpolsterfolie an den Gewächshauswänden befestigen (S. 66). Das sorgt für bessere Erfolge beim Überwintern von nicht winterharten Pflanzen.

## Bananen

*Musa basjoo* – auch als Freilandbanane oder Japanische Faserbanane bekannt – stammt aus den tropischen Regionen Chinas, sieht sehr exotisch aus und ist ein Highlight in Kübeln und Beeten. Sie kann Frost vertragen. Ist sie aber regelmäßig starken Frösten ausgesetzt, treibt sie anschließend aus der Basis aus oder stirbt ganz ab.

Damit Bananen eindrucksvoll und stattlich werden, schützt man die Pflanzen im Beet mit Stroh und Gartenvlies oder pflanzt sie in einen Kübel. Eine andere Möglichkeit ist es, sie im Herbst auszugraben (s. unten) und vor den ersten Frösten im Kübel ins Gewächshaus zu bringen. Im Winter und Vorfrühling ist es für Bananen ideal, in einem Gewächshaus zu stehen, das gerade eben frostfrei gehalten wird. Ab Ende Mai setzt man sie dann wieder ins Beet oder in ein Pflanzgefäß.

## Bananen vor dem Winter ausgraben

Mit diesen einfachen Schritten holt man die Banane zum Überwintern ins Gewächshaus.

**01**
Stämme mit dem Ballen aus dem Boden holen und in einen großen Topf mit torffreier Erde setzen.

**02**
Banane so kräftig angießen, dass die Erde sich setzt. Beschädigte Blätter abschneiden. Die Pflanze wird den Winter über teilweise absterben. Man entfernt dann totes Laub, damit keine Fäulnis entsteht. Wird es wärmer, treibt die Pflanze aus der Mitte frisch aus. Dann regelmäßiger und dem Wachstum entsprechend gießen.

## Knollenbegonien

Knollenbegonien sind blütenreich und wirken sowohl einzeln in Töpfen als auch in Kombination mit anderen Kübelpflanzen. Im Gegensatz zu Blattbegonien gehen sie im Winter in eine Ruhephase. Trocken gehalten kann man sie im frostfrei gehaltenen Gewächshaus lagern. Im Frühjahr treibt man sie wieder an.

Im Oktober bzw. vor den ersten Frösten bringt man die Knollenbegonien ins Haus und lässt den Wurzelballen austrocknen. Beginnt es abends kühl zu werden, fängt das Laub an sich gelb zu färben – ein Zeichen dafür, dass die Begonie in die Ruhephase geht. Würde man dann weiter gießen, würden die Wurzeln faulen. Auch wenn das seltsam erscheinen mag, hilft der Wassermangel den Pflanzen, sich auf das Überwintern vorzubereiten.

**Die Blüten** von *Begonia* 'Bossa Nova Orange' leuchten feuerrot zwischen den grünen Blättern.

## Begonien topfen

Beginnen Begonien Ende Februar neu auszutreiben, ist es Zeit sie umzutopfen. Danach gießt man, je größer die Pflanze wird, immer mehr und gibt ab April wöchentlich einen Algendünger. Zeigen sich die ersten Blüten, wechselt man zu einem kaliumbetonten Tomatendünger.

**01**
Wenn die Knospen dicker werden und junge Triebe bilden, den Wurzelballen aus dem Topf lösen.

**02**
Die obersten Zentimeter der alten Erde sowie etwa 5 cm unter der Knolle entfernen. So kann frische Erde nachgefüllt werden, die einen kräftigen Austrieb im Frühjahr fördert.

**03**
Einen sauberen Topf mit torffreier Erde füllen und die Begonie so tief hineinpflanzen, wie sie im alten Topf stand. Damit die Triebe nicht faulen, sollten sie nicht zu tief gepflanzt werden.

01

02

03

**04**
Die Erde gut andrücken, sonst bleiben Hohlräume und die Wurzeln können nicht wachsen.

**05**
Gut angießen, damit sich die Erde um die Knolle setzt. Um den Austrieb zu fördern, hält man die Erde feucht und stellt die Pflanze in ein frostfrei gehaltenes Gewächshaus. Nach den letzten Frösten kann die Begonie ins Freie gestellt werden oder man lässt sie zur Zierde im Gewächshaus.

04

05

## Dahlien

Dahlien sind herrliche Gartenblumen und können auf verschiedene Arten gezogen werden. Aus Samen gezogene Dahlien zeigen aufgrund ihrer genetischen Vielfalt die unterschiedlichsten Farben. Aus Knollen und Stecklingen entstehen dagegen genetische Kopien, was praktisch ist, wenn Einheitlichkeit oder ein bestimmtes Merkmal gewollt ist.

Dahlien sind nicht frosthart. Um sie sicher durch den Winter zu bringen, holt man sie aus der Erde und überwintert sie im Topf im frostfrei gehaltenen Gewächshaus. Aus diesen Pflanzen kann man Stecklinge gewinnen (s. nächste Seite). Wer in einer Region mit mildem Klima lebt, durchlässigen Boden hat und eine isolierende Mulchschicht ausbringt, kann die Knollen zum Überwintern im Boden lassen. Meiner Erfahrung nach hängt die Winterhärte von der Sorte ab. Ich verliere meist etwa 30 Prozent der Knollen, wenn ich die Dahlien im Boden überwintere. Habe ich nur eine Pflanze einer Sorte, nehme ich die Knolle vor dem Winter aus dem Boden und lagere sie im Gewächshaus. Ab Mitte Mai härte ich die Dahlien im Frühbeetkasten ab und pflanze sie Ende des Monats ins Freie.

## Tipp

Dahlien blühen üppig, aber nur solange sie keine Samen ansetzen. Entfernt man welke Blüten den Sommer über laufend, erreicht man bis zu den ersten Frösten ein wunderschönes Bild.

**Dahlien** wie 'Carolina Wagemans' blühen bis zu den ersten Frösten.

## Dahlienknollen ausgraben und topfen

Dahlien könnten in durchlässigem Boden und mit einer isolierenden Mulchschicht milde Winter überstehen, aber eine sichere Methode ist das nicht. Damit die Knollen bessere Chancen haben durch den Winter zu kommen, gräbt man sie aus, setzt sie in einen Topf und stellt sie ins frostfrei gehaltene Gewächshaus.

**01**
Vor den ersten Frösten den Wurzelballen mit den Knollen aus der Erde nehmen. Die Knollen sollten möglichst wenig beschädigt werden. Eine Grabegabel ist besser geeignet als ein Spaten.

**02**
Pflanze und Knollen ins Gewächshaus oder den Schuppen stellen. Überflüssige Erde abklopfen und die Wurzeln auf Schäden kontrollieren.

**03**
Beschädigte Wurzeln und Knollen könnten faulen und werden entfernt. Das Laub ebenfalls zurückschneiden, sodass 5 cm Triebe an den Knollen bleiben.

**04**
In einen Topf setzen, der so groß ist, dass die Knolle ohne Probleme hineinpasst. Den Topf so hoch mit torffreier Erde füllen, dass die Knolle knapp bedeckt ist. So wachsen mehr Stecklinge, falls man die Dahlie später vermehren möchte (s. gegenüber). Die Knolle einmal gut angießen, damit die Erde sich setzt, dann aber trocken halten, bis sie im Frühjahr neu austreibt. Dann wird entsprechend des Wachstums gegossen.

01

02

03

04

# Dahliensteckling

Mit Grünholzstecklingen kann man aus der Lieblingsdahlie neue Pflanzen gewinnen.

**01**
Sobald die Knolle etwa 5 cm lange Triebe gebildet hat, diese mit etwas Knollengewebe mit einem scharfen Messer von der Knolle trennen.

**02**
Knollenstücke knapp unter der untersten Blattachsel abschneiden.

**03**
Die unteren Blätter entfernen, sodass nur die Triebspitze mit ein bis zwei Blattpaaren übrig ist.

**04**
Steckling in einen kleinen Topf mit torffreier Erde und Perlit (50:50 gemischt) setzen und den Topf beschriften. Die Pflanzlöcher mit einem Holzstab in die Erde drücken, damit die Stecklinge nicht verletzt werden.

**05**
Topf ohne direkte Sonne ins beheizte Zimmergewächshaus oder auf ein sonniges Fensterbrett stellen, bis Wurzeln aus dem Topf wachsen.

**06**
Die Stecklinge können jetzt einzeln in torffreien Kompost getopft werden. Wenn nötig, erneut umtopfen, bis sie Ende Mai in den Garten können.

# Pflanzen überwintern

**Gewächshäuser ermöglichen es uns, exotische oder frostempfindliche Pflanzen anzubauen, die im Garten nicht gedeihen würden. Ein Grund dafür ist der Schutz vor niedrigen Temperaturen und starken Winterniederschlägen. So können wir frostempfindliche Pflanzen verwöhnen und gut durch den Winter bringen.**

Sicherlich gibt es sehr geschützt gelegene Gärten mit durchlässigem Boden, in denen frostempfindliche Pflanzen wachsen können. Eine Garantie, dass die Gewächse gut durch den Winter kommen, gibt es aber nicht. Durch Isolieren und Heizen herrschen im Gewächshaus jedoch gute Bedingungen für das Überwintern frostempfindlicher Pflanzen, die dann eine weitere Saison gesund und kräftig wachsen können.

## Wann und wohin umstellen

Wenn die Tage kürzer werden und es nachts kälter ist, wachsen Pflanzen langsamer. Frostempfindliche Gewächse müssen dann ausgegraben, getopft und ins Gewächshaus gestellt werden.

Man sollte nicht erwarten, dass man die Pflanzen den Winter über aktiv pflegen muss, bis es draußen wieder angenehmer wird. In dieser Phase brauchen sie vielmehr kaum Nahrung und nur so viel Wasser, dass sie in einer frostfreien Umgebung überleben.

Zum Überwintern kann man freistehende Gewächshäuser sowie auch sehr kleine Anlehngewächshäuser nutzen. Mit immergrünen Kakteen und Sukkulenten lassen sich dort auch winterliche Pflanzkombinationen gestalten.

**Überwinterte Kübelpflanzen** können Mitte Mai nach draußen gestellt werden.

**Ein Gewächshaus** ist perfekt zum Überwintern frostempfindlicher Sukkulenten wie *Aeonium* und *Echeveria*.

**Einer der häufigsten** Gründe, warum Pflanzen im Winter Schaden nehmen, ist, dass sie gegossen werden, obwohl sie nicht wachsen.

Beide Gewächshaustypen können bei Frost beheizt werden und schützen die Pflanzen vor Winternässe, während sie trotz der dunklen Monate viel Licht an die Pflanzen lassen. Sobald es wärmer wird, können frostempfindliche Topfpflanzen wie Geranien und *Aeonium* aus dem Winterquartier geholt und an einen sonnigen Platz im Freien gestellt werden.

## Anleitung zum Überwintern

Vor den ersten Frösten räumt man einen Platz im Gewächshaus frei, an dem die frostempfindlichen Pflanzen stehen können. Das ist auch ein guter Zeitpunkt, das Gewächshaus zu reinigen. So dringt mehr Licht ins Haus und Schädlinge werden entfernt.

• Die frostempfindlichen Pflanzen ins Gewächshaus holen. Unkraut aus den Töpfen sowie beschädigte Blätter und Triebe entfernen, damit sie nicht faulen.

• Zwischen den Pflanzen Platz lassen. So kann die Luft gut zirkulieren, was Pilzkrankheiten verhindert und die Pflanzen bekommen mehr Licht, das im Winter knapp ist.

• Die Pflanzen eher trocken bzw. nur so feucht halten, dass sie prall bleiben und ganz langsam wachsen. Diesen an Trockenheit grenzenden Zustand behält man bis zum Vorfrühling bei.

• Wenn die Temperaturen steigen und die Tage länger werden, beginnen die frostempfindlichen Pflanzen zu wachsen. Ab dann wird mehr gegossen und ab März wöchentlich ein Algendünger verabreicht. Dieser fördert den Austrieb.

• Sind etwa Mitte Mai keine Fröste mehr zu erwarten, härtet man die Pflanzen im Frühbeet ab. Dort stehen sie nachts geschützt. Werden die Pflanzen kräftiger, lässt man in milden Nächten die Lüftung offen, damit die Pflanzen sich an die niedrigen Temperaturen gewöhnen.

# Schnittblumen

**Gewächshäuser sollen nützlich sein, aber nicht nur zum Anbau von Obst und Gemüse dienen. Denn die Bedingungen, die dort herrschen, sind auch für den Anbau von Schnittblumen vorteilhaft. So hat man rund ums Jahr frische Blumen zuhause.**

Eines der wichtigsten Themen, mit denen sich Besitzer von Gewächshäusern beschäftigen, ist, wie man die Häuser auch in den Wintermonaten sinnvoll nutzen kann.

Es gibt eine große Zahl von Schnittblumen, die von Herbst bis Frühling im Gewächshaus angebaut werden können, da sie von den Bedingungen dort profitieren. Geschützt vor der schlimmsten Kälte und Nässe versorgen sie uns mit Farben und Blütenfülle, die wir im Vorfrühling dringend brauchen. Auch im Sommer kann man neben den Gemüsen Blumen anbauen. Aber nicht viele Arten kommen mit den dann oft extremen Temperaturen zurecht.

## Warum Schnittblumen anbauen?

Im Vergleich zu den Schnittblumen, die man im Geschäft bekommt, ist die Auswahl an Samen und Blumenzwiebeln riesig. Ein Samentütchen kostet dasselbe wie ein Bund Blumen, bringt aber zehnmal so viele Blüten hervor.

Schnittblumen selber anzubauen verbraucht viel weniger Ressourcen und ist damit nachhaltiger und besser für die Umwelt, als sie zu kaufen. Schnittblumen unter Einsatz fossiler Brennstoffe aus der ganzen Welt zu importieren, nur um unser Bedürfnis nach Blühendem auch außerhalb der blütenreichen Sommermonate zu stillen, erscheint rücksichtslos, wenn man bedenkt, dass sie so leicht zuhause anzubauen sind. Lassen Sie sich daher nicht das Vergnügen entgehen, das der Anbau eigener Schnittblumen bereitet. Sie können zuhause dann jede Woche mehrere Vasen bestücken und gleichzeitig der Umwelt helfen - eine Win-win-Situation.

## Schnittblumen von Herbst bis Frühling

Schnittblumen, die im Frühling blühen sollen, müssen meist im Herbst aus Zwiebeln, Knollen oder Samen vorgezogen werden. Das beste Argument, sie im Gewächshaus anzubauen, ist, dass sie sich schneller entwickeln. Narzissen, Tulpen und Wicken blühen dort alle früher als im Freien und die Blüten bleiben schöner. Anemonen, Ranunkeln und

**Anemonen,** die im Gewächshaus gezogen wurden, können im Frühjahr geschnitten werden.

Levkojen mögen die Kälte und Nässe des Winters nicht und gedeihen im Garten nur schlecht. Im Gewächshaus entwickeln sie sich dagegen zu schönen Pflanzen. Anemonen und Ranunkeln danken den geschützten Platz im Warmen, indem sie viele Blüten bilden, die sich über mehrere Wochen nacheinander öffnen. Um sich ähnlich lange an Levkojen erfreuen zu können, muss man sie von Januar bis April monatlich aussäen. Sie brauchen etwa 15 Wochen von der Aussaat bis zur Blüte.

### Kronen-Anemonen

Sie vertragen zwar Frost, mögen aber die winterliche Nässe nicht und gedeihen im Gewächshaus wesentlich besser. Man legt die Knollen über Nacht in warmes Wasser und pflanzt sie dann in Anzuchtplatten. Sobald die Pflanzen groß genug sind, setzt man sie in Beete oder Kübel. Dort wachsen sie weiter und bilden im Frühling Blüten, die auf etwa 25 cm hohen Stängeln sitzen. Werden die Pflanzen im Frühsommer schwächer, ersetzt man sie durch später blühende Sorten. Dazu gehören:

- 'Hollandia'
- 'Mr Fokker'
- 'Mount Everest'

### Ranunkeln

Viele Gärtner haben erst vor Kurzem erkannt, wie wunderbar diese Schnittblumen sind und wie man sie ganz einfach zuhause anbauen kann. Auch die Ranunkelknollen sollten zu Herbstbeginn über Nacht eingeweicht und anschließend in Anzuchtplatten gesetzt werden. Zum Spätherbst/Winter pflanzt man sie dann in Beete oder Kübel. Ranunkeln sollten nicht zu feucht stehen. Sie mögen es in den Wintermonaten kühl, hell und trocken. Wird es wärmer, wachsen sie wieder und müssen dann stärker gegossen und gedüngt werden. Ranunkeln werden etwa 30 cm hoch. Empfehlenswerte Sorten:

- 'Elegance Viola'
- 'Elegance Clementine'
- 'Elegance Rosa'

## Ranunkelknollen pflanzen

**01**

Im Herbst die Knollen besorgen und sie vor dem Pflanzen über Nacht in lauwarmem Wasser einweichen. Sie treiben dann besser aus.

**02**

Die Töpfe der Anzuchtplatten mit etwas torffreier Erde füllen und die Knollen hineinlegen. Dann die Töpfe vollständig mit Erde füllen. Angießen, damit sich die Erde setzt, aber im Winter und Vorfrühling nicht übergießen. Sobald die Wurzeln aus den Abzugslöchern wachsen und die Pflanzen groß genug sind, an ihren endgültigen Standort setzen.

## Narzissen

Narzissen gibt es in den unterschiedlichsten Farbkombinationen, Formen und mit herrlichen Düften. Ich bevorzuge Tazetten, die stark duften und an jedem Stängel mehrere Blüten tragen. Die Zwiebeln werden im Herbst in Töpfe und Beete im Gewächshaus gesetzt. Sobald sie austreiben und die Tage länger werden, gießt und düngt man sie. Ältere Zwiebeln können nach der Blüte in den Garten gesetzt werden. Diese Tazetten-Sorten lohnt es auszuprobieren:

- 'Avalanche'
- 'Yellow Cheerfulness'
- 'Falconet'

## Tulpen

Ich baue am liebsten Pfingstrosen-Tulpen als Schnittblumen an. Sie werden nicht so hoch wie die üblichen Gartensorten und passen daher besser in Kübel. Im Schutz des Gewächshauses blühen sie früher als die Tulpen im Garten. Außerdem bleiben die Blüten makellos, weil sie vor Regen und Spätfrösten geschützt sind. Man setzt die Zwiebeln dreimal so tief in die Erde, wie sie groß sind. Für eine Blüte im April müssen sie im November gepflanzt werden. Schneidet man den Blütenstiel heraus, bilden die Zwiebeln im nächsten Jahr meist keine Blüten mehr. Aber ein Versuch lohnt sich trotzdem, denn manchmal erholen sie sich und bilden auch im Garten noch für einige Jahre Blüten. Einige meiner Lieblingssorten sind:

- 'La Belle Epoque'
- 'Angelique'
- 'Mount Tacoma'

## Wicken

Der Anbau von Wicken im Gewächshaus führt zu früherer Blüte und verhindert, dass die Blütenblätter durch Regen und Wind beschädigt werden. Die meisten Wickensorten eignen sich als Schnittblumen, wenn man sie im Herbst aussät und sobald sie groß genug sind in Beete oder Kübel im Gewächshaus setzt. Wicken sollten nicht austrocknen, denn sie wachsen dann nicht gut und die Stängel bleiben kurz. Die meisten Wicken blühen im April und Mai und machen dann den Sommerkulturen Platz. Diese Sorten sind geeignet, wenn lange Blütenstiele und Duft gewünscht sind:

- 'Matucana'
- 'Gwendoline'
- 'Charlie's Angel'

## Levkojen

Levkojen duften unvergleichlich gut und es macht Freude sie anzubauen und für die Vase zu schneiden. Man kann sie leicht ab Herbst aus Samen ziehen (s. nächste Seite) und überwintern. Es ist außerdem möglich, sie monatlich neu auszusäen, sodass man bis zum Spätsommer immer Blüten hat. Im Handel sind spezielle Schnittsorten erhältlich. Sobald die Pflanzen an ihrem endgültigen Platz stehen, gibt man einen stickstoffbetonten Flüssigdünger, der den Wuchs der Blütenstiele fördert, aber vorzeitiges Blühen verhindert. Levkojen werden bis zu 80 cm groß. Die 'Katz'-Sorten bieten viele Farben und sind zuverlässig.

**Levkojen** sind leicht aus Samen zu ziehen und haben schöne, duftende Blüten.

## Levkojen aussäen

**01**
Einen Topf mit torffreier Erde füllen und diese mit einem Erdstempel oder dem Boden eines anderen Topfes glatt drücken.

**02**
Die Erde vor dem Aussäen anfeuchten. So werden die Samen später nicht weggespült.

**03**
Die Samen mit etwas Abstand auf die feuchte Erde legen und mit einem Holzstab verteilen.

**04**
Mit einer Schicht Vermiculit abdecken und die Töpfe beschriften.

**05**
Nach der Keimung Sämlinge zum Vereinzeln auswählen. Eine hellgrüne Farbe der Sämlinge könnte auf gefüllte Blüten hindeuten. Je nach Geschmack nur die hellgrünen Sämlinge oder - für ein bunteres Blütenbild - alle auswählen und vereinzeln. Den Sämling am Keimblatt festhalten, die Wurzeln vorsichtig mit dem Holzstab lockern und die Pflanze aus der Erde ziehen.

**06**
Sämlinge in Anzuchtplatten mit torffreier Erde pflanzen und dabei vorsichtig die Wurzel mit dem Holzstäbchen in die Erde setzen. Gut angießen.

**Zinnien** lieben die Wärme des Gewächshauses und sorgen im Schnittblumenbeet für leuchtende Farben.

## Schnittblumen für Sommer bis Herbst

Der Platz im Gewächshaus ist in den Sommermonaten meist knapp und es ist schwer, Flächen für Schnittblumen zu finden. Zusätzlich ist das Gewächshaus durch die extremen Temperaturen für die meisten Schnittblumenarten unattraktiv. Es gibt aber einige Ausnahmen.

Zinnien und Tagetes vertragen Wärme sehr gut, mögen den kühleren Herbst aber nicht. Baut man einige davon im Hochbeet im Gewächshaus an, kann man sich den ganzen Sommer lang über zahlreiche Blüten freuen und lockt Bestäuber an. Auch Geranien eignen sich als Schnittblumen, da sie sehr gut an die hohen Temperaturen im Gewächshaus angepasst sind. Damit die Blütenstiele lang werden, gießt und düngt man die Pflanzen regelmäßig.

### Tagetes

Sie halten Kohlmottenschildläuse fern und sind daher perfekte Begleitpflanze für Tomaten, können aber auch als Schnittblumen verwendet werden. Die kräftigen Blühpflanzen finden in Beeten, Hochbeeten und Kübeln Platz. Diese Sorten lohnt es auszuprobieren:

- 'Burning Embers'
- 'Strawberry Blonde'
- 'Jolly Jester'

### Zinnien

Zinnien stammen aus Mexiko und vertragen hohe Temperaturen. Es gibt sie in einer großen Vielfalt an herrlichen Farben, weshalb sie im Sommer gut als Schnittblumen im Gewächshaus gezogen werden können. Im Hochbeet oder Kübel trocknen sie nicht so schnell aus (s. gegenüber), was zu Stress und kürzeren Blütenstielen führen könnte. Zinnien können im Mai und Juni direkt gesät werden und bilden dann bis zum Herbst Blüten. Die Sorten aus der 'Benary's Giant'-Serie sind schwer zu übertreffen, es gibt sie in allen Farben.

## So halten Schnittblumen lange

Ein paar Tricks beim Schneiden sorgen dafür, dass die Blüten gesund bleiben und so lange wie möglich in der Vase halten.

- Die Stiele schneiden, wenn es morgens noch kühl ist, und an einem dunklen Platz einen Tag in einem Eimer mit Wasser vollsaugen lassen.
- Bevor es ans Dekorieren und Binden geht, die Stiele schräg anschneiden. So entsteht eine große Schnittfläche, über die die Stiele mehr Wasser aufnehmen können. Blätter, die in der Vase im Wasser stehen würden, entfernen. Lässt man sie am Stiel, würden sie faulen und das Wasser verderben.
- Hygiene ist sehr wichtig und sauberes, regelmäßig gewechseltes Wasser verlängert das Leben von Schnittblumen deutlich. Wird das Wasser grün, heißt das, dass sich darin die Bakterien vermehren. Die Qualität des Wassers wird schlechter und die Blüten leiden. Sie müssen schneller ersetzt werden. Um die Blumen so frisch und langlebig wie möglich zu halten, sollte man das Wasser in der Vase alle paar Tage wechseln.

## Zinnien im Hochbeet säen

**01**
Die Erde auf der Oberfläche des Hochbeetes glatt und feinkrümelig machen. Die Saatreihen im Abstand von 25 cm mit kurzen Bambusstäben markieren.

**02**
Zwischen den Bambusstäben entlang eines Brettes in Länge des Hochbeetes mit der Hand flache Rinnen in die Erde drücken.

**03**
Die Rinnen befeuchten. So hält das Saatgut besser und die Samen haben Wasser, das sie für die Keimung benötigen.

**04**
Alle 20 cm zwei bis drei Samen in die Rinnen legen.

**05**
Die Samen dünn mit Erde bedecken. Dafür die Erde verwenden, die sich beim Ziehen der Rinnen angesammelt hat.

# Zwiebel-blumen

**Der Schutz vor extremer Winternässe macht das Gewächshaus zu einem guten Ort, Zwiebelblumen in Töpfen zu ziehen.**

Die duftenden Blüten von Hyazinthen kann man mit Zweigen auf dekorative Weise stützen.

Zwei der Hauptgründe, warum Zwiebelblumen nicht gut wachsen, sind, dass sie im Winter faulen oder von Wühlmäusen gefressen werden. Besondere Zwiebelblumen in Töpfen anzubauen und im Gewächshaus vorzuziehen erhöht die Chancen, sie zum Blühen zu bringen.

Zwiebelblumen sind saisonalen Rhythmen unterworfen. Dazu gehört eine Ruhephase, in der sie weder Wasser noch Nahrung benötigen. In dieser Phase ist das Laub eingezogen und die Pflanzen benötigen kein Licht. Man kann sie daher platzsparend unter den Gewächshaustischen oder in einem Schuppen lagern. Eigentlich umfasst dieses Kapitel Pflanzen mit Zwiebeln, Rhizomen und Knollen, doch der Einfachheit halber verwende ich den Begriff Zwiebelblumen.

## Winterharte Frühlingsblüher

Krokusse, Zwerg-Narzissen und Zwerg-Iris können sehr gut im Gewächshaus in Töpfen angebaut werden. Durch den zusätzlichen Schutz im Winter bleiben sie, wenn die Blütezeit im Februar und März beginnt, länger kräftig und gesund. Auf Tischen und Regalen kann man ihre zarte Schönheit gut bewundern. Auch Zwerg- oder Pfingstrosentulpen eignen sich für Töpfe, denn der Schutz vor der Winternässe hält Fäulnis fern und schützt die Blüten.

Duftende Zwiebelblumen wie Hyazinthen können ebenfalls unter Glas in Töpfen gezogen werden. Man nimmt sie zur Blüte entweder mit ins Haus oder lässt ihren Duft das Gewächshaus füllen. Wenn die Blüten sich entwickeln, werden sie manchmal kopflastig und müssen gestützt werden. Einige gut platzierte Zweige, die man entlang des Topfrandes in die Erde drückt, sind (wie oben zu sehen) dekorativ, aber dezent. Angesichts der Tatsache, dass es im Vorfrühling oft noch grau und kalt ist, kann es ein wahrer Genuss sein, an einem Tisch zu sitzen, auf dem Töpfe mit blühenden Zwiebelblumen stehen.

# Frühblühende Zwiebelblumen topfen

Frühblühende Zwiebelblumen gibt es im Herbst in Gartencentern und online zu kaufen. Man kann sie nach dem Kauf direkt eintopfen. Trockene Zwiebeln sind günstiger und die Auswahl an Arten und Sorten ist größer. Vorgezogene Zwiebelblumen im Topf, die ab Januar bis April in den Gartencentern angeboten werden, entfalten ihre Wirkung sofort.

**01**
Einige Tonscherben über große Abzugslöcher legen, damit die Erde nicht aus dem Topf gespült wird. Die zusätzliche Drainage hilft außerdem, die Zwiebeln vor Winternässe zu schützen.

**02**
Um die Erde durchlässiger zu machen, beim Befüllen des Topfes einige Handvoll Kies in das Substrat mischen. Den Topf zur Hälfte füllen. Als Faustregel gilt: Zwiebeln dreimal so tief stecken, wie sie hoch sind.

**03**
Die gesamte Topffläche für die Zwiebeln nutzen. Sie können so dicht stehen, dass sie sich nur knapp nicht berühren. So entfalten die Zwiebelblumen während der Blüte die schönste Wirkung. Da die Zwiebeln nur kurze Zeit im Topf bleiben, kann man sie dort enger stecken, als wenn man sie ins Freie setzt.

01

02

03

**04**
Die Zwiebeln so hoch mit torffreier Erde bedecken, dass der Topf bis knapp unter dem Rand gefüllt ist.

**05**
Die Oberfläche der Erde mit Kies bestreuen. Dieser dient als Dekoration und unterdrückt gleichzeitig Unkraut.

**06**
Den Topf beschriften und gut angießen, damit sich die Erde setzt und der Kies sauber wird. Dann nicht mehr gießen, bis sich im Frühjahr die ersten Triebe zeigen. Je mehr Laub die Zwiebeln haben, desto mehr Wasser können die Pflanzen nutzen, ohne dass es zu Fäulnis kommt. Je mehr Grün sich bildet, desto mehr kann also gegossen werden. Bis zur Blüte vergehen einige Monate. Wenn nach der Blüte das Laub gelb wird, weniger gießen. Das regt die Zwiebeln an in die Ruhephase zu gehen. Im nächsten Herbst wieder eintopfen.

04

05

06

## Tipp

Das Umtopfen in frische Erde im Herbst stärkt die Zwiebeln. Trotzdem kann ihre Blühleistung im Laufe der Jahre zurückgehen. Für zuverlässigere Blütenbilder oder wenn die Blumen Sie nicht überzeugt haben, setzt man die Frühlingsblüher in den Garten und startet im Herbst mit neuen Sorten.

**Welke Narzissenblüten** werden herausgeschnitten (oben). Sommer-Zwiebelblumen wie *Nerine* bringen Farbe (rechts).

## Sommer-Zwiebelblumen

Viele Sommer-Zwiebelblumenarten können im frostfrei gehaltenen Gewächshaus gezogen werden. Ihre Blüten bringen exotisches Flair in den Garten. Wer mit den Frühlingsblühern gute Erfolge erzielt hat und das Besondere sucht, kann sich an den etwas anspruchsvolleren Arten versuchen:

- *Achimenes*
- *Eucomis comosa*
- *Gloriosa superba*
- *Haemanthus coccineus*
- *Lachenalia aloides*
- *Nerine sarniensis*
- *Zantedeschia* (Calla)

Alle diese Sommer-Zwiebelblumen haben unterschiedliche Ruhephasen (in denen sie trocken gehalten werden sollten) und Wachstumsphasen (in denen sie mehr Dünger und Wasser benötigen). Die meisten Sommer-Zwiebelblumen brauchen eine durchlässige Erde und sollten möglichst in ihrer Ruhephase umgetopft werden. So wird unnötiger Stress vermieden, der durch Verletzungen entsteht.

Die sommerblühenden Zwiebelblumen blühen ab Sommer bis in den Herbst und sorgen nach den Frühlingsblühern im Gewächshaus für Farbe. *Eucomis* und *Zantedeschia* kann man den Sommer über gut ins Freie stellen. Der Vorteil von Zwiebelblumen in der Ruhephase ist, dass man sie gut aufbewahren kann. Da sie kein Laub haben, brauchen sie kein Licht.

### Tipp

Ein großer Topf mit Narzissenzwiebeln verschiedener Sorten, geschützt in der Nähe des Gewächshauses aufgestellt, wird Sie im Vorfrühling des Folgejahres mit unterschiedlichsten Blüten erfreuen. Die Blüten entfernen, wenn sie welk sind - dann geht die Energie in die Zwiebeln und nicht in die unerwünschte Samenbildung.

# Kübelpflanzen für den Sommer

**Die meisten sommerblühenden Pflanzen, die wir für Kübel verwenden, vertragen keinen Frost. Lässt man die Jungpflanzen bis nach den letzten Frösten im Gewächshaus, sind sie geschützt. Außerdem wird der Austrieb und damit der Blütenreichtum gefördert, sodass sie sofort ihre volle Wirkung entfalten.**

Der Blütenreichtum von frostempfindlichen Stauden wie Geranien, Fuchsien und Vanilleblumen ist eine wundervolle Möglichkeit, Kübelbepflanzungen zu Farbe zu verhelfen. Der Kreislauf beginnt im Sommer mit dem Schneiden von Stecklingen. Diese werden im Gewächshaus überwintert. Nach den letzten Frösten werden sie ins Freie gesetzt und schmücken den Garten. Besonders schöne Sorten kann man so Jahr für Jahr wieder neu ziehen.

## Geranien pflegen

Eine der kultigsten und traditionellsten Pflanzen, die wir mit Gewächshäusern und Balkonen verbinden, sind Geranien. Ein Platz im Freien für den Sommer lässt sie bestens wachsen und sie sind dort weniger anfällig für Schädlinge, als wenn sie in den warmen Monaten im Haus stehen. Es gibt unterschiedliche Arten. Die meisten lieben einen hellen Standort und kurze Trockenphasen. Kalte nasse Erde mögen sie vor allem im Winter nicht. Das ganze Jahr über brauchen sie eine gute Luftzirkulation. Um Botrytis und Fäule zu verhindern, sollte totes oder welkes Laub im Winter entfernt werden.

### Erde und Dünger

Für Geranien eignet sich jede gut durchlässige, torffreie Erde. Einige Sorten profitieren davon, wenn man zu drei Teilen Erde einen Teil Kies mischt. Durch regelmäßiges Umtopfen und das Austauschen der Erde im Vorfrühling wachsen die Geranien kräftig. Im Frühling und Sommer düngt man wöchentlich mit einem kaliumbetonten Dünger und gießt häufiger. Einige Sorten brauchen weniger Wasser und sollten seltener gedüngt werden, damit sie nicht zu viel Laub bilden.

### Überwintern

Zum Überwintern der Geranien im Gewächshaus schneidet man die Pflanzen im Herbst auf die Hälfte zurück und stellt sie an einen frostfreien, hellen und gut belüfteten Platz. Wird es im Frühling wieder heller und wärmer, treiben die Pflanzen aus und werden erneut zurückgeschnitten. Stehend wachsende Sorten schneidet man erst nach der Blüte, da sonst die Knospenbildung gehemmt wird.

Die meisten Geranien kann man im Sommer gut mit Grünholzstecklingen (S. 102) vermehren. Sie brauchen zum Bewurzeln keine besonders hohe Luftfeuchtigkeit. Ich habe ohne beheizbares Zimmergewächshaus oder einen Plastikbeutel über den Töpfen gute Erfolge und es kommt so nicht zu Fäulnis.

**Geranien** zieht man im Gewächshaus den Winter über aus Stecklingen. Im Sommer bereichern sie Kübel mit ihren leuchtenden Blütenfarben.

## Fuchsien pflegen

Fuchsien fühlen sich in Hängeampeln und in Kübeln gleichermaßen wohl. Hängend wachsende Sorten setzt man eher an den Rand, aufrechte geben Kübelbepflanzungen Höhe. Die meisten Fuchsien vertragen keinen Frost, haben aber prunkvollere Blüten als ihre winterharten Verwandten.

**Fuchsien** fühlen sich in Kübeln und Ampeln wohl. Man kann sie aber auch zu Stämmchen formen.

### Erde und Dünger

Damit junge Fuchsien kräftig und frisch bleiben, müssen sie regelmäßig umgetopft werden. Auch von ihnen können im Sommer Stecklinge genommen werden, die man im Gewächshaus überwintert und nach den letzten Frösten ins Freie stellt. Eine torffreie Erde ist für die Jungpflanzen geeignet. Ab Februar gibt man wöchentlich einen Algendünger, ab Mai dann einen kaliumbetonten Dünger, der die Blütenbildung anregt.

### Vermehren und überwintern

Fuchsien kann man jedes Jahr neu aus Stecklingen ziehen oder größere Pflanzen überwintern. Letztere sollten um die Hälfte zurückgeschnitten und nur minimal gegossen werden, bis sie im Frühjahr wieder austreiben. Im Sommer geschnittene Frischholzstecklinge bewurzeln gut. Dickmaulrüssler und Blattläuse können im Sommer im Gewächshaus zum Problem werden, daher stelle ich sie lieber ins Freie. Beim Überwintern kann es passieren, dass die Schädlinge den Winter ebenfalls überdauern. Stecklinge, die man schädlingsfrei hält, ermöglichen einen guten Start in die neue Gartensaison.

## Fuchsienstämmchen ziehen

Fuchsienstämmchen formt man am besten aus einem bewurzelten Steckling, den man an einem Stab zieht.

**01**
Alle Seitentriebe entfernen, bis die Pflanze etwa 90 cm hoch ist.

**02**
Alle Blüten abknipsen, bis sich eine ausgewogene Krone entwickelt hat. So geht die Energie in den Austrieb und die Wuchsform. Triebe einkürzen, damit sich in der Krone Seitentriebe bilden.

01

02

**Vanilleblumen wie 'White Queen'** topft man in frische Erde um, bevor man sie im Sommer ins Freie stellt.

## Kübel für den Sommer bepflanzen

Die Auswahl an Pflanzkübeln ist riesig und bei der Entscheidung spielen meist ästhetische Gesichtspunkte eine Rolle – wie viel Platz vorhanden ist und welche Materialien man mag. Ganz wichtig ist aber, dass das Wasser gut ablaufen kann. Ist das Abzugsloch groß, kann Erde hinausgespült werden. Dann legt man zunächst eine Schicht Tonscherben in den Kübel und gibt dann erst die Erde hinein.

## Vanilleblumen pflegen

Vanilleblumen sind etwas weniger bekannt als Geranien oder Fuchsien, als Kübelpflanzen aber genauso wertvoll. Es gibt violette, fliederfarbene und weiße Sorten, die alle köstlich nach Kirschkuchen duften. Vanilleblumen können den Sommer über im Gewächshaus stehen. Meiner Erfahrung nach blühen Pflanzen im Freien aber länger und sind weniger durch die hohen Temperaturen im Gewächshaus gestresst.

### Erde und Dünger

Torffreie Erde ist gut für Vanilleblumen geeignet. Ab Februar bis Mai gibt man einen Algendünger, von Mai bis September ersetzt man ihn durch einen kaliumbetonten Dünger. Wie viele andere frostempfindliche Stauden vertragen Vanilleblumen Winternässe nicht. Zum Austrieb im Frühling und während des Sommers müssen sie stärker gegossen und gedüngt werden. Viel Licht und gute Belüftung sind das ganze Jahr über wichtig. Das Entfernen von toten oder welken Blättern hilft Schädlinge und Botrytis zu vermeiden.

### Vermehren und überwintern

Zum Überwintern schneidet man die Pflanzen vor den ersten Frösten auf die Hälfte zurück, topft sie um und stellt sie ins frostfrei gehaltene Gewächshaus. Mit dem Austrieb im Frühling schneidet man sie tiefer zurück, sodass sie den Sommer über kräftig wachsen können. Vanilleblumen kann man gut aus Grünholzstecklingen (S. 102) vermehren. Man schneidet diese im Sommer und überwintert die Jungpflanzen im Gewächshaus.

**Eine Sommerpflanzung** aus *Iresine lindenii*, *Pelargonium* 'Orangeade' und *Calibrachoa* 'Cabaret Deep Blue'.

## Anleitung

**01**
Den Kübel bis fast zum Rand mit torffreier Erde füllen und die Pflanzen, ohne sie einzugraben, hineinstellen. So kann man vor dem endgültigen Einpflanzen verschiedene Kombinationen ausprobieren, bis man ein Arrangement gefunden hat, das gefällt.

**02**
Ist die gewünschte Kombination gefunden, die Pflanzen etwas tiefer in die Erde setzen, als sie vorher im Topf standen. Dabei mit der Hauptpflanze in der Mitte beginnen und zu den Rändern weiterarbeiten.

**03**
Kräftig angießen. Nach einigen Wochen mit einer kaliumbetonten Düngung beginnen und diese bis zu den ersten Frösten fortsetzen.

## Gute Kübelpflanzen

Ein praktisches Gestaltungsprinzip für das Bepflanzen von Kübeln ist die Kombination von »thrillern« (Hauptdarstellern) als zentrales Element, »fillern« (Füllpflanzen) für die Üppigkeit und »spillern« (Hängepflanzen) für die Ränder.

**Hauptdarsteller**
Stehend wachsende Geranien
Stehend wachsende Fuchsien
*Salvia farinacea*
Edellieschen

**Füllpflanzen**
Petunien
Vanilleblumen
Löwenmäulchen
Tagetes
Leberbalsam
Elfenspiegel
Begonie
Kapkörbchen
Strauchmargeriten

**Hängepflanzen**
Hängend wachsende Fuchsien
Hängend wachsende Geranien
Zauberglöckchen (Million Bells)
Männertreu
*Bacopa*
Hängend wachsendes Eisenkraut
Hängend wachsende Petunie
*Lotus berthelotii*
*Dichondra argentea* 'Silver Falls'

**Diese farbenfrohe** bepflanzte Ampel zeigt Hängepflanzen wie Männertreu, Zauberglöckchen, *Bacopa* und *Lotus berthelotii* von ihrer besten Seite.

## Hängeampeln bepflanzen

Hängeampeln liefern den Sommer über ein Farbenspiel in der Höhe – ein mit einer bunt bepflanzten Ampel geschmückter Hauseingang ist ein herrlicher Anblick. Ich liebe es traditionell mit Geranien, Fuchsien, Vanilleblumen und Petunien, aber der Fantasie sind keine Grenzen gesetzt. Salatpflanzen, Erdbeeren, Kräuter, Tomaten und Sukkulenten können in einer Ampel ebenfalls wunderschön aussehen. Je größer die Ampel, desto besser, denn die größere Menge Erde hält die Feuchtigkeit besser und trocknet nicht so schnell aus.

Der große Vorteil eines Gewächshauses ist, dass wir die Ampeln bepflanzen können, sobald es die Pflanzen zu kaufen gibt. Dann ist die Vielfalt größer, die Pflanzen sind günstiger und können im geschützten Warmen schon wachsen, bevor sie nach den letzten Frösten Ende Mai im Freien ihre volle Wirkung entfalten können. Da die Jungpflanzen schnell wachsen, müssen sie, solange sie im Gewächshaus stehen, gleichmäßig feucht gehalten werden. Bis die Pflanzen angewachsen sind, sollte die Erde jedoch nicht durchdringend nass sein.

## Sie brauchen

**Blumenampel (Metall, Korb oder Kunststoff)** Es gibt viele verschiedene Arten und Formen von Blumenampeln und -körben. Metallkörbe haben den Vorteil, dass man die Seiten bepflanzen und so einen größeren Effekt erzielen kann als bei geschlossenen Ampeln.

**Einlage oder Moos** Bei Körben kann man fertige Einlagen nutzen, die es in verschiedenen Größen und mit Abzugslöchern gibt. Spaghnum-Moos als Einlage ist umstritten. Hier sollte darauf geachtet werden, dass es nachhaltig gewonnen wurde.

**Plastikfolie** Legt man einen aus einem alten Erdsack geschnittenen Kreis in die Blumenampel, entsteht ein kleiner Wasserspeicher.

**Torffreie Erde** Eine normale torffreie Erde ist ausreichend.

**Stickstoff- und kaliumreiche Dünger** Im Sommer sollte täglich gegossen und mindestens einmal wöchentlich gedüngt werden. Den stickstoffreichen Dünger gibt man, bis die Pflanzen groß sind und die ersten Knospen ansetzen. Dann wechselt man zu einem kaliumreichen Dünger. Dieser fördert die Blütenbildung stärker als das Blattwachstum.

## Welke Blüten entfernen

Regelmäßiges Entfernen welker Blüten, »deadheading« genannt, fördert in der Kombination mit regelmäßiger Düngung die Bildung zahlreicher Blütenknospen. Lässt man die Pflanzen dagegen Samen ansetzen, signalisiert das der Pflanze, dass ihre Aufgabe erfüllt ist und sie keine weiteren Blüten mehr bilden muss.

## Anleitung

**01**
Die Blumenampel in einen Tontopf stellen. Bei Körben das untere Drittel mit einer gekauften Einlage oder mit einer dicken Schicht Moos auskleiden und einen Kreis aus Plastikfolie hineinlegen.

**02**
Bei gekauften Einlagen in den oberen zwei Dritteln mit einer Schere Löcher hineinstechen. Solange die Erde noch nicht durchwurzelt ist, würde sie aus tiefer sitzenden Löcher sonst herausrieseln. Auch in den Kreis aus Folie ein Loch stechen.

**03**
Das untere Drittel der Ampel mit Erde füllen, bei Körben bis zu den Löchern in der Einlage.

**04**
Bei Körben die Hängepflanzen von außen in die Löcher pflanzen. Bei geschlossenen Ampeln an den Rand des Topfes. Die Wurzelballen mit Erde bedecken und das Pflanzgefäß bis einige Zentimeter unter dem Rand mit Erde füllen. Bei Körben gleichzeitig den Rand weiter mit Einlage oder Moos auskleiden.

**05**
Die Hauptpflanzen als Hingucker in die Mitte der Ampel setzen und die Füllpflanzen drumherum arrangieren. Das Gefäß bis zum Rand mit Erde füllen.

**06**
Gut angießen. Dafür eine Kanne mit Brause verwenden, damit die Erde nicht weggespült wird. Stickstoffdünger ins Gießwasser geben. Bis nach den letzten Frösten die Blumenampel unter den Giebel des Gewächshauses hängen.

01

02

03

04

05

06

# Das Gewächshausjahr

# Aussaatkalender

**Im Laufe der Jahre habe ich den Zeitplan für die Aussaat von Gemüse, Schnittblumen und einer Vielzahl an Pflanzen fürs Gewächshaus immer weiter verfeinert. Das hilft mir, den von den ersten Sonnenstrahlen geweckten Wunsch, alles auf einmal aussäen zu wollen, zu zügeln.**

Das Ziel ist es, aus Samen gesunde Pflanzen zu ziehen, deren Wurzeln aus den Abzugslöchern beginnen herauszuwachsen, weil sie sich schnell und gut entwickeln. Sät man zu früh aus, wird das Wurzelsystem zu dicht (es bleibt dann keine andere Wahl, als die Pflanzen mehrmals umzutopfen) und die Pflanzen wachsen nicht so gut, wie sie könnten.

## Aussaat in Sätzen

Die Aussaat in Sätzen ist eine gärtnerische Methode, die in der Hektik des Gewächshausgärtnerns im Frühling und Sommer manchmal in Vergessenheit gerät. Nimmt man sich die Zeit, die Aussaat in Sätzen bei schnellwachsenden Kulturen wie Frühlingszwiebeln, Blattsalaten und Kräutern zu planen – und den Plan auch einzuhalten –, kann den ganzen Sommer über geerntet werden, ohne dass es zu einer Ernteschwemme kommt. Dies sind einige Beispiele für Kulturen, die man alle vier Wochen aussäen kann:

- Möhren
- Buschbohnen
- Erbsen
- Spinat
- Rauke
- Koriander
- Salat
- Dill
- Rote Bete
- Frühlingszwiebeln
- Blattsalate

**Blattsalate** gedeihen in Frühbeeten und in Töpfen.

**Ringelblumen** blühen üppig, halten sich gut in der Vase und haben essbare Blüten.

# Aussaatkalender: Zierpflanzen

## Januar
Wicke
*Ammi majus* (Große Knorpelmöhre)
*Daucus carota* (Wilde Möhre)
*Scabiosa atropurpurea* (Samt-Skabiose)
Petunien

## Februar
*Antirrhinum* (Löwenmäulchen)
*Cobaea scandens* (Glockenrebe)
*Heliophila longifolia*
Bauernorchidee
Levkojen
Zauberglöckchen (Million Bells)

## März
Dahlie
*Cerinthe major* 'Purpurascens'
Tagetes
Amaranth (als Nutz- oder Zierpflanze)
*Carthamus tinctorius*
Rizinus
Mexikanische Sonnenblume
Kalifornischer Mohn
Strandflieder
Prunkwinde
Ringelblume (Blüten essbar und als Zierpflanzen)

## April
Spinnenblume
Schmuckkörbchen
Sonnenhut
*Xerochrysum bracteatum*
Sonnenblume

## Mai
Sommeraster
Zierkürbis
Zinnie

## Juni
Inkalilie
Feinstrahl-Aster

## Juli/August
Goldlack
Tausendschön
Bartnelke
Fingerhut
Islandmohn
Vergissmeinnicht

## September
Jungfer im Grünen
Ringelblume (Blüten essbar und als Zierpflanze)

# Aussaatkalender: Nutzpflanzen

## Januar
Spinat
Petersilie
Zwiebel
Dicke Bohne
Zitronengras

## Februar
Salat
Spinat (Sommersorten)
Chili
Paprika

## März
Borretsch
Aubergine
Salat
Sellerie
Tomate
Kohl (Herbstsorten)
Rosenkohl
Amaranth (als Nutz- oder Zierpflanze)
Ringelblume (Blüten essbar und als Zierpflanzen)

## April
Porree
Salatgurke
Salat
Kohlröschen
Grünkohl
Einlegegurke
*Luffa cylindrica*
Rote Bete
Melone

## Mai
Zucchini
Salat
Stangenbohne
Feuerbohne
Zuckermais
Pastinake
Kürbis

## Juni
Salat
Mangold
Rote Bete
Spross-Brokkoli
Fenchel

## Juli / August
Chicorée
Salat

## September
Rote Bete (zum Einlagern)
Spitzkohl

**Bunte Gemüsevielfalt**, aus Samen gezogen (im Uhrzeigersinn von oben links): Zitronengras, Paprika, Tomaten, Melonen und Luffa.

# Das Gewächshausjahr: Wintermitte bis -ende

Es ist kein Grund zur Sorge, wenn Ihre Pflanzen zu dieser Jahreszeit nicht viel wachsen. Zu viel gießen und kalte Zugluft sind zu dieser Zeit die größten möglichen Probleme. Halten Sie das Gewächshaus daher gut isoliert und gießen Sie sparsam. Wir pflegen unsere Pflanzen in der Ruhephase einfach so, wie es ihrem geringen Wachstum entspricht.

## Januar

• Kälteverträgliche Kulturen wie Petersilie, Dicke Bohnen und Wicken (S. 200) aussäen.
• Selbstgezogene oder gekaufte Petersilie pflanzen.
• Frostempfindliche Stauden topfen und Triebspitzen abknipsen, damit sie Seitentriebe bilden. Blattläuse mit den Fingern abstreifen.
• Frühblühende Zwiebelblumen wie Kaphyazinthen (*Lachenalia aloides*) und Hyazinthen mit Haselnusszweigen stützen.
• Kartoffeln vorkeimen.

## Februar

• Ab jetzt regelmäßig mit Algenflüssigdünger düngen. Er eignet sich für die meisten Kulturen und sorgt für kräftige Wurzeln und gesunden Wuchs.
• Süßkartoffeln aus Knollen, Ingwer aus Rhizomen und Zitronengras aus Samen oder Halmen im beheizten Zimmergewächshaus kultivieren (S. 164, 172 und 168).
• Zwiebelblumen häufiger gießen.
• Anbieter von Nützlingen recherchieren und anhand der gewünschten Kulturen mit ihnen einen Lieferplan für die Gegenspieler der Schädlinge aufstellen.
• Winterharte und bedingt winterharte Einjährige aussäen und Sämlinge vereinzeln, sobald sie das erste Paar Laubblätter gebildet haben. Schalen zum Abhärten der Pflanzen an einen kühleren Platz stellen.
• Chili und Paprika aussäen.
• Ranunkeln und Kronen-Anemonen feucht halten. Einmal wöchentlich vorbeugend gegen Echten Mehltau spritzen (S. 123). Im März und April fortsetzen.
• Zur Abwehr von Blattläusen und anderen saugenden Insekten wöchentlich ein Pflanzenstärkungsmittel spritzen.
• Kartoffeln vorkeimen.

**Im Winter werden** (im Uhrzeigersinn von oben links): Dicke Bohnen gesät, Kartoffeln vorgekeimt, Chili und Paprika gesät und Süßkartoffeln für Stecklinge angetrieben.

CHILLI
'EARLY CAYENNE'
22/02

# Das Gewächshausjahr: Vor- bis Erstfrühling

Die Extraportion Wärme und Schutz, für die das Gewächshaus im Frühling sorgt, ermöglicht uns den Anbau von Samen und Pflanzen früher im Jahr, als wenn wir sie im Freien ziehen würden. Die Jungpflanzen können aus Samen gezogen werden. Wenn sie langsam zu wachsen beginnen, werden sie großzügiger gegossen und gedüngt.

## März

- Nektarinen, Pfirsiche und Aprikosen, die unter Glas stehen, mit einem weichen Pinsel bestäuben.
- Sobald Chrysanthemen und Dahlien neu austreiben, Stecklinge schneiden.
- Winterharte und bedingt winterharte Einjährige aussäen.
- Knollenbegonien nach dem Austrieb teilen und in Tontöpfe setzen. Zunächst nur wenig gießen, erst wenn die Pflanzen größer werden mehr gießen.
- Überwinterte Fuchsien, Geranien und Vanilleblumen umtopfen.
- Jungpflanzen, bei denen die Wurzeln aus dem Topf wachsen, umtopfen.
- Pflanzenstärkungsmittel gegen Blattläuse und andere saugenden Insekten wöchentlich vorbeugend spritzen.
- Wicken, winterharte Einjährige und Dicke Bohnen auspflanzen.
- Frühe Salate mit Pflanztunnel schützen (S. 32).
- Ersten Ansatz Brennnesseldünger machen (S. 82).

**Im Frühjahr** beginnen die Pflanzen zu wachsen. Mit selbst gemachtem Brennnesseldünger, den man beim Gießen gibt, bekommen sie eine Extraportion Energie.

**Frühlingszwiebelblumen** gießen, wenn sie zu wachsen beginnen. Später verblühte Blüten entfernen.

## April

- Jungpflanzen umtopfen, sobald die Wurzeln aus den Abzugslöchern des Topfes wachsen. Die neuen Töpfe sollten höchstens doppelt so groß wie die bisherigen sein (S. 96).
- Kälteempfindliche Stauden zum Abhärten ins Frühbeet stellen (S. 25).
- Aprikosen, Nektarinen und Pfirsiche ausdünnen, damit sie größere Früchte bilden.
- Reben auf Mehltau untersuchen und wenn nötig vorbeugend spritzen (S. 123). Anbinden und schneiden.
- Pflanzenstärkungsmittel gegen Blattläuse und andere saugenden Insekten wöchentlich vorbeugend spritzen.
- Weiter mit Algendünger düngen.
- Levkojen umtopfen oder an ihren endgültigen Platz pflanzen. Mit Stäben stützen.
- Bei Narzissen und Hyazinthen welke Blüten entfernen und bis Mitte Mai wöchentlich einen kaliumbetonten Dünger verabreichen. Dann einziehen und trocknen lassen.
- Lilien für die Terrasse in Tontöpfe umtopfen.
- Gewächshaus mit Schattierfarbe streichen oder Schattiernetze aufspannen.
- Blumenrohr und Bananen zum Abhärten ins Freie stellen.
- Blumenampeln bepflanzen und frostfrei, aber kühl halten.

**Dicke Bohnen** zieht man ab Januar im Gewächshaus aus Samen vor. Im März können sie in Reihen ins Freie gepflanzt werden.

# Das Gewächshausjahr: Vollfrühling bis Frühsommer

Mit höheren Temperaturen und mehr Licht ist der Vollfrühling eine Umbruchzeit im Gewächshaus. Dort bereiten wir uns jetzt auf die Fülle des Sommers vor, indem wir unsere Jungpflanzen umtopfen. Pflanzen, die hohe Temperaturen unter Glas nicht gut vertragen, machen jetzt Platz für Tomaten, Gurken, Auberginen, Paprika und Melonen.

## Mai

- Bindeschnüre kontrollieren, damit sie die Früchte nicht abschnüren. Falls notwendig Schnüre entfernen und Pflanzen lockerer anbinden.
- Düngeroutine fortsetzen. Wöchentliche Algendüngergaben fördern den Wuchs und Triebe, die Blüten und Früchte tragen sollen.
- Chili-, Paprika-, Tomaten-, Gurken- und Auberginenpflanzen an ihren endgültigen Platz in Gefäßen, Pflanzsäcken oder Beeten setzen.
- Minze nach draußen stellen, damit sie nicht von Mehltau und Schädlingen befallen wird.
- Pflanzenstärkungsmittel gegen Blattläuse und andere saugende Insekten wöchentlich vorbeugend spritzen.
- Nützlinge ausbringen.
- Süßkartoffelstecklinge in Wasser bewurzeln lassen und in Erde setzen.
- Beinwelldünger ansetzen (S. 82).
- Sommerkübel bepflanzen.

## Juni

- Nach den letzten Frösten Gewächshausheizung ausstellen.
- Dahlien und Chrysanthemen auspflanzen.
- Bei Stabtomaten und Gurken (außer Minigurken) Seitentriebe entfernen.
- Düngeroutine fortsetzen. Zu einem kaliumbetonten Dünger wechseln, wenn die Pflanzen eingewachsen sind.
- Seitentriebe von Melonen anbinden, damit sie Früchte bilden.
- Tomaten, Gurken und Paprika mit Schnüren oder Stäben stützen.

**In diesen Monaten wird** (im Uhrzeigersinn von oben links): Beinwelldünger angesetzt und es werden Dahlien ausgepflanzt. Stabtomaten und andere Kletterpflanzen werden mit Schnüren und Stäben gestützt, die Minze wird ins Freie gestellt.

# Das Gewächshausjahr: Hoch- bis Spätsommer

**Die Pflanzen sind jetzt in der größten Wachstumsphase und brauchen viel Wasser und Dünger. Mit guter Pflege holt man das Beste aus ihnen heraus. Dazu gehört das Entfernen abgestorbener Blätter, um Krankheiten zu vermeiden. Es gibt jetzt aber auch viel zum Ernten und Genießen.**

## Juli

- Weiter regelmäßig düngen. Die Pflanzen sind in vollem Wachstum und brauchen Nährstoffe.
- Zum Schutz vor Schädlingen und Krankheiten wöchentlich die jungen Triebspitzen mit Spritzmittel auf Öl- und Seifenbasis besprühen.
- Lachenalien und Nerinen umtopfen und wöchentlich gießen.
- Von nicht winterharten Stauden wie Fuchsien, Pelargonien und Vanilleblumen Stecklinge nehmen.
- Zweijährige wie Fingerhut, Bartnelke, Mohn und Silberblatt aussäen.
- Nektarinen und Pfirsiche ernten und schneiden. Etwa zwei Drittel der einjährigen Triebe entfernen.
- Beim Hochbinden von Tomaten die Seitentriebe entfernen.
- Wenn nötig, Nützlinge ausbringen.
- Lüftung und Türen tagsüber öffnen (S. 44) und die Luftfeuchtigkeit in Bereichen mit Gurken, Melonen und Auberginen erhöhen (S. 114).
- Prüfen, ob die Schattierung ausreichend ist (S. 66). Wenn nicht, eine weitere Schicht Schattierfarbe ausbringen oder noch mehr Gewächshausfläche mit Schattiergewebe schützen.

## August

- Untere Blätter von Auberginen, Tomaten und Gurken entfernen, wenn sie absterben. Das verhindert Krankheiten und erhöht die Luftzirkulation.
- Tomaten, Chili und Paprika regelmäßig ernten, damit sie neue Früchte ansetzen.
- Pflanzen weiterhin regelmäßig düngen.
- Bei Pelargonien und anderen Pflanzen alte Blüten entfernen.
- Zinnien und andere Schnittblumen schneiden.
- Zum Schutz vor Schädlingen und Krankheiten wöchentlich die jungen Triebspitzen mit Spritzmittel auf Öl- und Seifenbasis besprühen.
- Weiterhin beim Hochbinden von Tomaten die Seitentriebe entfernen.
- Wenn nötig, weiterhin Nützlinge ausbringen.
- Das Öffnen von Lüftungen und Türen tagsüber fortsetzen (S. 44) und die Luftfeuchtigkeit in Bereichen mit Gurken, Melonen und Auberginen erhöhen (S. 114).
- Kontrollieren, ob durch das Anbinden der Pflanzen Einschnürungen entstehen.

**Im Hochsommer** werden (im Uhrzeigersinn von oben links): Tomaten geerntet, Schnittblumen geschnitten und welke Pelargonienblüten entfernt.

# Das Gewächshausjahr: Früh- bis Vollherbst

**Mit den kühleren Abenden und den kürzer werdenden Tagen lassen Wuchskraft und Vitalität der Pflanzen nach. Jetzt ist es besonders wichtig, im Gewächshaus für gesunde Bedingungen zu sorgen sowie weniger zu gießen und zu düngen. Auch ist es Zeit, sich auf Herbststürme vorzubereiten.**

## September

- Weiterhin die unteren absterbenden Blätter von Auberginen, Tomaten und Gurken entfernen. Das verhindert Krankheiten und erhöht die Luftzirkulation.
- Tomaten, Chili und Paprika weiter regelmäßig ernten, damit sie neue Früchte ansetzen.
- Pflanzen weiterhin regelmäßig düngen.
- Zum Schutz vor Schädlingen und Krankheiten wöchentlich die jungen Triebspitzen mit Spritzmittel auf Öl- und Seifenbasis besprühen.
- Wenn nötig, weiterhin Nützlinge ausbringen.
- Wege unkraut- und algenfrei halten.
- Ende des Monats Schattierungen entfernen (S. 66).
- Welkes oder beschädigtes Laub entfernen, um Krankheiten zu vermeiden und die Luftzirkulation zu verbessern.
- Heizungen kontrollieren, damit sie später einsatzbereit sind.
- Auf die Wettervorhersage achten und Pflanzen vor den ersten Frösten ins Haus bringen.
- Zitruspflanzen, Pfirsiche und Aprikosen ins Haus stellen.

## Oktober

- Sukkulenten ins Haus räumen, um sie vor Regen und Temperaturen unter 5 °C zu schützen.
- Mit dem Heizen beginnen. Werden nicht winterharte Pflanzen vor Frost geschützt, gehen sie in eine Ruhephase.
- Weniger gießen. Eine trocken stehende Pflanze wieder zum Wachsen zu bringen ist einfach, eine übergossene zu retten nahezu unmöglich.
- Wintersalate wie Blattsenf, Winterkopfsalat und Spinat aussäen (S. 136).
- Mutterpflanzen für Stecklinge entsorgen, wenn sie den Topf komplett durchwurzelt haben.
- Kohlerien und Begonien trocken halten und an einen frostfreien Platz stellen.
- Tropische und frostempfindliche Pflanzen wie Dahlien, Blumenrohr und Banane umtopfen, sobald sie neu austreiben. Zum Schutz vor Winterkälte ins Gewächshaus stellen und im Frühjahr auspflanzen.
- Schnittblumen fürs nächste Jahr vorziehen: Levkojen aussäen, die Knollen von Ranunkeln und Anemonen in Multitopfplatten stecken und später umtopfen.
- Brennnesseldünger (S. 82) fürs nächste Jahr ansetzen.
- Töpfe und Schalen mit Seifenlauge reinigen.
- Elemente aus Holz reinigen und mit Holzschutzmittel behandeln.

## Gewächshäuser vor Sturm schützen

Damit die Herbststürme keinen Schaden am Gewächshaus verursachen, muss es stabil und intakt sein. Diese Dinge sollten Sie prüfen:

- Von außen kontrollieren, ob die Abdeckung locker oder verrutscht ist. Lüftungen und Türen sollten dicht sein und sicher in der Führung sitzen.
- Lüftungsklappen und Türen geschlossen und gesichert halten. Bei einer automatischen Lüftung kann es sinnvoll sein, diese abzustellen, damit der Wind sie nicht aufreißt. Einem gesicherten, geschlossenen Gewächshaus kann Wind nichts anhaben.
- Zerbrochene oder fehlende Glasscheiben ersetzen. Falls das vor dem schlechten Wetter nicht mehr möglich ist, die Löcher mit Folie oder einer alten Decke schließen, um Schäden durch den Wind zu vermeiden.
- Kontrollieren, ob das Gewächshaus gut im Fundament verankert ist. Erd- oder Sandsäcke können zum Beschweren genutzt werden.
- Objekte wie Möbel oder Trampoline, die außerhalb des Gewächshauses vom Wind herumgewirbelt werden könnten, sichern.

**Im Herbst** werden Anemonenknollen in Multitopfplatten gesteckt (oben links) und, wenn sie größer sind, ins Beet gepflanzt (oben).

# Das Gewächshausjahr: Spätherbst bis Winteranfang

**Zum Herbstende wird spürbar, wie sich das Wetter ändert und wie die Pflanzen darauf reagieren. Die Abende werden kühler, es gibt weniger Licht und die Pflanzen wachsen deshalb langsamer. Zu viel Feuchtigkeit im Gewächshaus wird zum Problem. Doch diese Veränderungen bieten die Möglichkeit, völlig neue Pflanzen im Gewächshaus zu kultivieren.**

## November

- Saatgut bestellen, bevor die besten Sorten ausverkauft sind.
- Erdbeeren in Pflanzenampeln setzen und zum Verfrühen ins Gewächshaus hängen.
- Wicken in tiefen Töpfen aussäen.
- Chrysanthemen ins helle, frostfrei gehaltene Gewächshaus stellen. Durch den Schutz treiben sie im nächsten Jahr aus und man kann Stecklinge schneiden, sobald die Triebe lang genug sind.
- Minze für die Winterernte ausgraben und teilen.
- Laub von Weinreben und Feigen entfernen. Wein auf zwei Augen zurückschneiden.
- Frühlingsblühende Zwiebelblumen wie Hyazinthen, Amaryllis, Narzissen, Iris und Tulpen für den Schnitt in Tontöpfe oder ins Hochbeet setzen.
- Süßkartoffeln ernten und Knollenstecklinge für das nächste Jahr vorbereiten (S. 164).
- Fuchsien ins Haus räumen und trocken halten.
- Gewächshaus putzen und Scharniere ölen.
- Wege unkraut- und algenfrei halten.
- Gewächshaus mit Luftpolsterfolie auskleiden, um die Pflanzen vor großer Kälte zu schützen.

## Dezember

- An Kletterpflanzen die Schnüre erneuern, damit sich keine Schädlinge ansiedeln und die Pflanzen nicht abgeschnürt werden.
- Falls nicht schon im Herbst geschehen, Blätter von Blumenrohr zurückschneiden, damit die Pflanzen neu austreiben, wenn es wärmer wird. Bei den meisten tropischen Pflanzen das ausgewinterte Laub entfernen, damit sich keine Schädlinge ansiedeln und die Neuaustriebe Platz haben.
- Nicht winterharte Zwiebel- und Knollenpflanzen wie Anemonen abhärten und weitere Sätze pflanzen. Größere Pflanzen ins Kühle stellen, damit sie Blüten ansetzen. Feucht halten und wöchentlich gegen Echten Mehltau spritzen (S. 123).
- Schattierung entfernen, um mehr Licht ins Gewächshaus zu lassen.
- Gewächshaus putzen, um Schmutz zu entfernen und mehr Licht hineinzulassen. Bewegliche Teile wie Lüftungsklappen und Türen ölen.

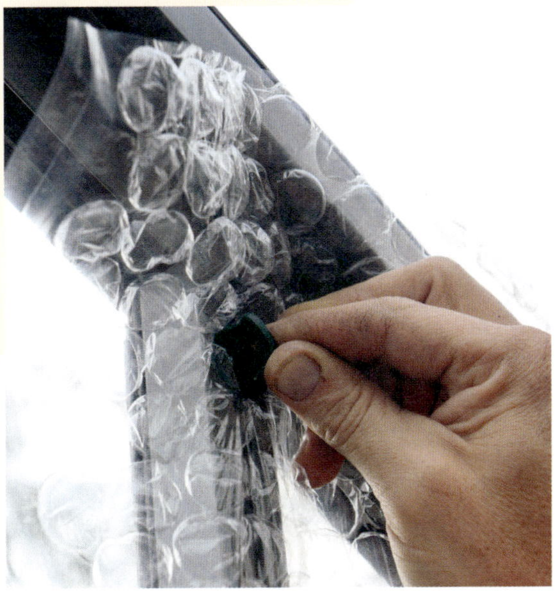

**Im Spätherbst** (im Uhrzeigersinn von oben links) Zwiebeln und Knollen von Frühjahrsblühern pflanzen, Duftwicken in tiefe Töpfe säen, Gewächshaus mit Luftpolsterfolie isolieren, für mehr Licht Schattierung aufrollen.

# Register

*Kursiv* gedruckte Zahlen beziehen sich auf Abbildungen.

## Bildnachweis

Der Verlag dankt folgenden Personen für die freundliche Erlaubnis zur Verwendung des Bildmaterials:

(Abkürzungen: g-ganz; l-links; m-Mitte; o-oben; r-rechts; u-unten)

**13 GAP Photos:** Elke Borkowski (mr); Robert Mabic (ur). **14 Bridgeman Images. 15 Getty Images:** Hulton Archive. **18 Alamy Stock Photo:** Nick Maslen. **19 Alamy Stock Photo:** Bailey-Cooper Photography. **80 Alamy Stock Photo:** Jeanette Teare Garden Images. **127 Alamy Stock Photo:** Alexandre Patchine (o). **Getty Images / iStock:** Tunatura (u). **189 Getty Images / iStock:** Olena Lialina (or)

## Danksagung des Autors

Das Gärtnern im Gewächshaus ist so anstrengend oder beruhigend, wie Sie es sich wünschen und wie es zu Ihrem Ehrgeiz und Ihrer Zeit passt. Schreibt man ein Buch darüber, wie man möglichst viele gärtnerische Möglichkeiten unter einem Dach vereinen kann, befasst man sich eher mit den herausfordernderen Aspekten. Ohne die Unterstützung meiner Frau Clare und meiner Schwiegereltern würde ich immer noch über Plänen und Anleitungen brüten. Beim Bau gab es zahlreiche familiäre Unstimmigkeiten, die wir aber alle mit einer Tasse Tee und dem Mantra »Morgen ist ein neuer Tag« aus der Welt räumen konnten.

Ich hatte großes Glück, Jason Ingram als Fotografen an meiner Seite zu haben. Sein Blick und sein Gespür sind unvergleichlich und er hat die jahreszeitlichen Aspekte im Gewächshaus perfekt eingefangen. Unser Lektor Alastair stand uns immer ermutigend zur Seite und half uns, fokussiert zu bleiben. Auch wenn mein Labradorwelpe Perry ihm erst misstrauisch gegenüber war, wurden sie gute Freunde. Danken möchte ich auch Holly, Glenda, Jordan, Ruth und allen bei DK, die an diesem Buch mitgearbeitet haben.

Die Firma Greenhouse People stellte freundlicherweise ein 5,5-m-Robinsons-Rosette-Gewächshaus inklusive Verankerung und Einrichtung zur Verfügung. Die Firma Access Garden Products stellte freundlicherweise ein Anlehngewächshaus zur Verfügung, das sich als sehr produktiver kleiner Raum herausstellte.

## Danksagung des Verlags

DK dankt Kathy Steer für das Korrektorat, Vanessa Bird für die Registererstellung und Myriam Meguarbi für die Bildrecherche.